太空奥秘

探索外星人之谜

TAN SUO WAI XING REN ZHI MI

牛　月／编著

中国大百科全书出版社

图书在版编目（CIP）数据

探索外星人之谜 / 牛月编著. —北京：中国大百科全书出版社，2016.1
（探索发现之门）
ISBN 978-7-5000-9808-9

Ⅰ.①探… Ⅱ.①牛… Ⅲ.①地外生命 – 青少年读物 Ⅳ.①Q693–49

中国版本图书馆CIP数据核字（2016）第 024460 号

责任编辑：裴菲菲　韩小群
封面设计：大华文苑

出版发行：**中国大百科全书出版社**

（地址：北京阜成门北大街 17 号　邮政编码：100037　电话：010-88390718）

网址：http://www.ecph.com.cn

印刷：青岛乐喜力科技发展有限公司

开本：710 毫米 × 1000 毫米　1/16　印张：13　字数：200 千字

2016 年 1 月第 1 版　2019 年 1 月第 2 次印刷

书号：ISBN 978-7-5000-9808-9

定价：52.00 元

前　言

　　几千年来，人类只能以肉眼观天看日。1609年，意大利著名科学家伽利略首先将望远镜应用于太空观测，遥远的物体看起来就更近、更大和更亮了。后来，英国著名科学家牛顿以反射面镜取代容易产生色差的透镜式望远镜，用于对宇宙太空进行观测。

　　在这之后，许多伟大的天文学家不断精心研究和改进光学望远镜，不断带来令人振奋的宇宙太空新发现，掀起一阵阵观星和科学研究的热潮。人们更希望看清宇宙太空的真面目。

　　经过三百多年的不断观测，人们不但对太阳系的行星有了大致了解，而且对于银河系等螺旋状星系、星云也有了更多认识。后来，环绕地球运行和观测的哈勃太空望远镜，因为没有地球混浊大气层的视野干扰和观测

点条件选择的限制，成为有史以来最具威力的望远镜，使人们观看宇宙的视野发生了革命性的改变。但是，人们还是难以真正看清宇宙太空的面目。

我国"神舟"10号飞船圆满完成载人空间交会对接与太空授课，"嫦娥"号卫星即将实现月球表面探测，"萤火"号探测器启动了火星探测计划……我们乘坐宇宙飞船遨游太空的时候就要到了！

21世纪，伴随着太空探索热的来到，一个个云遮雾绕的未解之谜被揭去神秘的面纱，使我们越来越清楚地了解宇宙这个布满星座、黑洞的魔幻大迷宫。

神秘的宇宙向我们敞开了它无限宽广的怀抱，宇宙不仅包括太阳系、星系、星云、星球，还蕴藏着许多奥秘。因此，我们必须首先知道整个宇宙的主要"景点"。

宇宙的奥秘是无穷的，人类的探索是无限的。我们只有不断拓展更加广阔的生存空间，破解更多的奥秘，看清茫茫宇宙，才能造福于人类并对人类文明有所贡献。宇宙的无穷魅力就在于那许许多多的难解之谜，它使我们不得不密切关注和质疑。我们总是不断地去认识它、探索它，并勇敢地征服它、利用它。

　　虽然，今天的科学技术日新月异，达到了很高水平，但对于宇宙中的无穷奥秘还是难以圆满解答。古今中外，许许多多的科学先驱不断奋斗，推进了科学技术的大发展，一个个奥秘被先后解开，但又发现了许多新的奥秘，又不得不向新的问题发起挑战。科学技术不断发展，人类探索的脚步永无止息，解决旧问题、探索新领域就是人类一步一步发展的足迹。

　　为了激励广大读者认识和探索整个宇宙的奥秘，普及科学知识，我们根据中外的最新研究成果编写了本套丛书。本丛书主要包括宇宙、太空、星球、飞碟、外星人等内容，具有很强的科学性、前沿性和新奇性。

　　本套丛书通俗易懂、图文并茂，非常适合广大读者阅读和收藏。丛书的编写宗旨是使广大读者在趣味盎然地领略宇宙奥秘的同时，能够加深思考、启迪智慧、开阔视野、增长知识，正确了解和认识宇宙世界，激发求知的欲望和探索的精神，激起热爱科学和追求科学的热情，掌握开启宇宙世界的金钥匙。

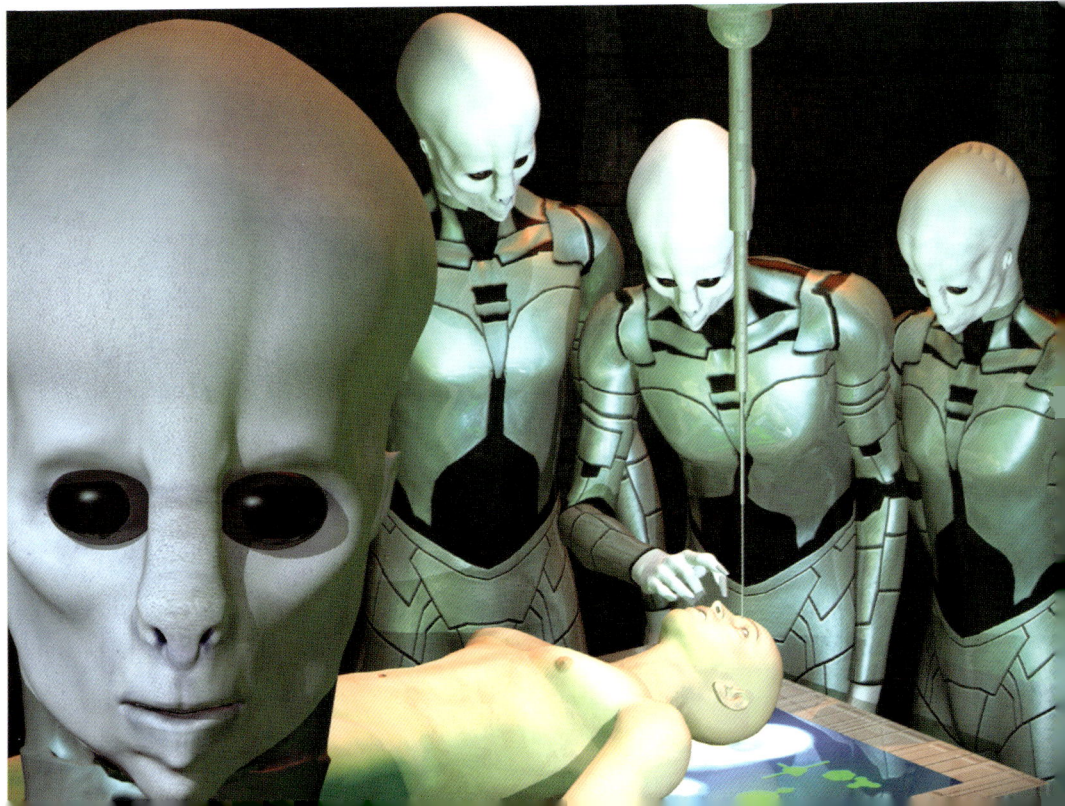

Contents 目录

不要再躲藏 ▋

Zhong Guo
Yan Hua Ji Lu De
Wai Xing Ren

中国岩画
记录的外星人

贺兰山古老的岩画艺术

　　贺兰山岩画是我国岩画中的一枝奇葩，在我国岩画之林中占有举足轻重的地位。

　　贺兰山岩画位于宁夏回族自治区贺兰山东麓的贺兰县金山乡，海拔1448米，分布在面积约210平方千米的山岩沟畔上，约有300幅。

　　贺兰山岩石主要成分为绿色细粒的石英砂岩，次要成分为云母、绿泥

左图：古老岩画上记录的火箭

右图：古老岩画上记录的宇宙人

石等暗色矿物。这种岩石的硬度约7°，适宜凿刻，并且可以长时间保存，为制作岩画创造了较为有利的条件。

贺兰山岩画有一个突出特点，就是岩画有将近3／5是人面像，因此可以毫不夸张地说，这里是形形色色的人面像画馆。岩画中的人物面部奇异，大多数人面像都有眉毛、鼻子和嘴，但偏偏缺少一对眼睛，这也许与作画民族的习俗和信仰有关。

在这些变化多端、风格神秘的岩画中，还有一幅装饰奇特的宇宙人形象。这个宇宙人形象岩画在贺兰山北侧第六号地点，离地面1.9米，面朝西南方向，高0.2米、宽0.16米，由磨刻法制作而成。从内容上看，这是一幅形态逼真、惟妙惟肖的天外来客肖像画。岩画上的人物装饰与今天地球上宇航员的宇航服几乎是相同的。他头戴一顶大而圆的密封式头盔，头盔中间有一个观察孔，头盔连着紧身的连衣裤，双臂自然下垂，双腿直立，隐约可看到右手提着件东西，给人一种飘然而至的感觉。

此外，在贺兰山还可以看到一些类似的岩画。如在山口北侧第一号地点上部，有一个圆形顶着天线的人面像，高0.41米、宽1.95米，其下部还有一个似乎头顶着枝状天线的人面像，高0.47米、宽0.19米。

当时人类文明还处在萌芽阶段，生产力十分落后，技术手段也很陈旧，因而绝对制造不出密封式的头盔，更不会超越时代去制造这样的探空设备，何况这些宇宙人模样的岩画又出现在人迹罕至的贺兰山上。因此有人猜测，这是当时人们见到外星来客之后，刻画到石头上而保存下来的天外来客的形象。

新疆古老的月亮形象

20世纪60年代初期，我国考古工作者在新疆一个古老山洞里发现了一批古代岩画，其中绘制的月亮形象是世界上最古老的。由于其岩石位置在新生代第四纪冲积层以下，因而可以断定是几万年以前的作品。

在这些岩画中，有一组月相"连环画"最为引人注目：一弯蛾眉新月、上弦月、满月、下弦月、残月。人们惊异地发现，连环画里满月南极处的左下方画有7条以辐射状散开的细纹线。这幅月图的作者极其鲜明、准确地表现了月球上大球形山中心辐射出的巨大辐射

纹。这一成果在望远镜问世之后丝毫不足为奇，但是在几万年前人类尚处于原始的社会，能画出一组月相的连环画就令人惊叹不已了。况且，考古科学的发现又是千真万确的事实，因此，这件事给人留下了许多疑问，这是否是外星人所画呢？

外星人曾在中国旅行

山洞里的奇怪石盘

在青海省南部有座大山叫巴颜喀拉山，那里有大量的山谷洞穴。1938年，我国考古学家纪薄泰在那里发现了一个奇怪的石盘，上面刻有至今人们仍无法理解的图案、符号和文字。这些石盘一共有716个，洞穴的主人用某种未知的工具把岩石凿成盘状，这些石盘形状如当今唱片，中央有孔，从中孔出发，两条水纹线辐射开来，直至边缘为止。这当然不是有声的唱片，而是一种文字符号，这在我

外星人名片

名称：特罗巴人
类型：矮人型
身高：1.3米
特征：体型矮小，脑袋大
出现地点：中国
出现时间：1.2万年前

国乃至世界上都是从未发现过的事情。多年来，专家们一直对这些石盘进行研究。据说，在千万年前，巴颜喀拉山的洞穴里生活着特罗巴人和汉人，他们身高只有1.3米左右，体形矮小，脑袋奇大。因为对他们了解得很少，专家们至今也不知该把他们归为哪一种人。

对石盘的研究分析

1962年，我国考古工作者徐鸿儒教授及其合作者破译了石盘上的部分文字，译文是：特罗巴人来自云端，他们乘坐的是古老的滑动船。当地男女老少直至东方太阳升起的时候，才敢从洞里出来，这样的事共发生了10次。可是，最后一次他们终于明白了，特罗巴人来此地并没有恶意。人们在历史记载中也看到了有关记述。这些记载称，在1.2万多年前，特罗巴人着陆后，他们的飞船能量耗尽，而自己又没有造出新的飞船的能量，只能永久地留在地球上。

为了进一步深入了解这些石盘，人们把石盘的碎块送到苏联（今俄罗斯）莫斯科分析。莫斯科的学者们发现石盘含有极高的钴和另一种金属，它们的振荡频率也是很少见的。仿佛石盘曾经带过电，或曾是一个电路中的一部分。

到现在为止，巴颜喀拉山石盘仍然是个不解之谜，根据人们的推测，

飞越在
太空的飞碟

它们一定同1.2万多年前山里发生的怪事有联系。更为神秘的是一些洞穴的内壁上覆盖着许多上升的太阳、布满黑点的月亮和星体等巨幅壁画。从当时传说来看，这些外来人种由于相貌丑陋，致使人们不敢与他们交往而回避他们，最后这些外来人便慢慢地消失了。石盘之事在国外影响极大，但在国内却没有正式的报道，由此而看，石盘本身是否存在，仍是一个谜。

史书中关于《太极图》的记载

与巴颜喀拉山石盘密切相关的是我国神秘莫测的《太极图》，从古至今人们费尽了脑筋，也不知道它的作者是谁。《太极图》又称《先天图》或《天地自然之图》，是我国上古文化中最神秘的一张图，也是众说纷纭，争论最激烈的一张图。

虽然《周易·系辞传》中已明确提出："易有太极，是生两仪。"但汉代以后所传的《周易》，都不曾附有《太极图》。直至宋朝道士陈博才传出《太极图》，并有"先天"、"后天"之分。后来，北宋理学家周敦颐根据陈博所传的《太极图》，写了一篇《太极图说》继承发挥了《周易》的观点，提出"无极而太极"的哲学思想。到朱熹撰写《周易本义》时，才正式将《太极图》附在《周易》前面。他看出，离开了《太极图》，《周易》只是一部普普通通的占卜之书，根本不能位列群经之首。

这期间，真正对《太极图》有所研究的是理学家邵雍。据邵雍说，先天《太极图》为伏羲所作，后天《太极图》为周文王所作。邵雍指出，在伏羲所在年代并没有文字，只有一张太极图来表现天地万物和阴阳变换原理。

朱熹则认为，《太极图》源自汉朝魏伯阳的《周易参同契》。《太极图》的一个间接的来源是道教，似乎是没有太多疑问的。但是，它的源头在哪里呢？它是否真像《周易》和道教所说的那样与伏羲有关呢？

《太极图》和伏羲

据今人考证，伏羲实际上可能和太阳或东方的某一星座有关。从史籍上看，伏羲又与龙有着密切的关系。曾任台湾飞碟研究协会会长的吕应钟先生提出了"龙就是飞碟"的看

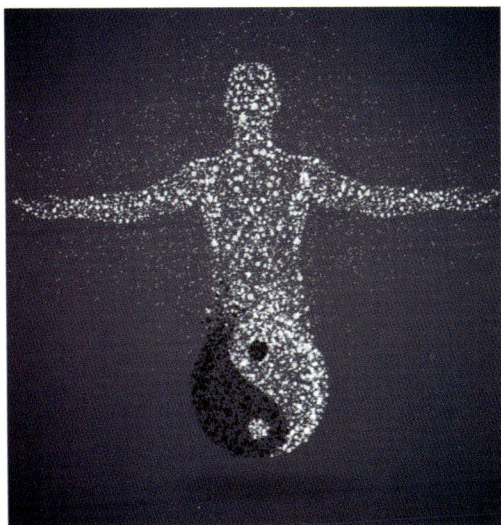

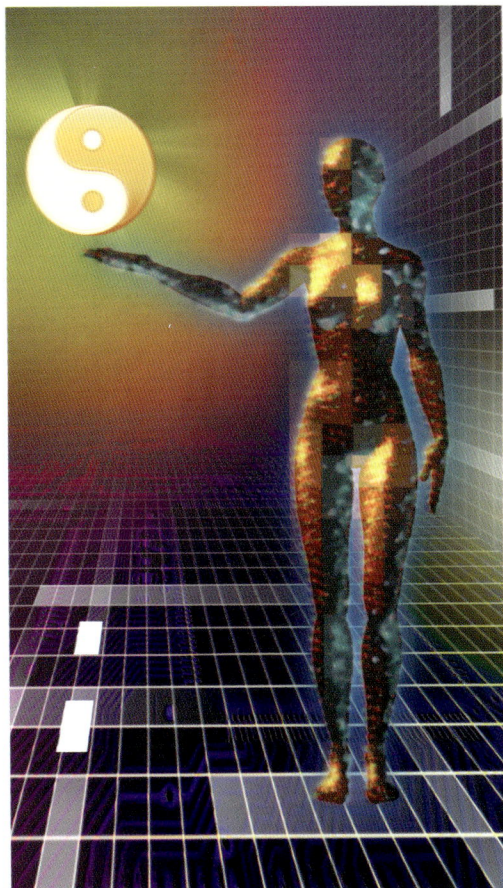

法。的确，龙这种过去被视为神话传说的动物，现在似乎应当重新认识。

《说文解字》说龙是万物之长，能暗能亮、能长能短、能大能小。春分的时候就飞上天，秋分的时候就潜入海。现在看来，这种能暗能亮、能细能粗、能短能长而又披着硬甲的龙，和我们观察到的雪茄型飞碟非常相像。因此，我们是否可以考虑，所谓伏羲"蛇身人首"不过是一个象征性表述，它暗示着伏羲是一种半人半神的生命体，是直接和龙有关的生命体。如果伏羲就是伟大的太阳神，而他又是乘着龙，即飞碟来到地球上，在传授了一些天文、地理知识以及一些神通后，由于上古民智未开，为了不使外星球高级文明失传，留下了一幅整合性的《太极图》让后人去破译。那么，今天我们看到《太极图》中包罗万象的内容就不奇怪了。

上图：火焰组成的太极图

下图：蛇身人面的伏羲像

《太极图》与天文学有关吗

《古今图书集成》上的一段内容记载：上古伏羲时代，龙马背负着一张图出来，伏羲用这张图画成了八卦图。

参考龙的假说，那么"龙马"也可能就是飞碟的象征表述。也就是说，一个与外星文明有联系的"伟大的羲"，凭借着龙马提供的数字密码和模型，才画出了八卦和《太极图》。

更有趣的是，在后世所传的一些修炼图谱中，《太极图》被转换成天文图，并将北斗七星安放在中心。从这一图谱看，我们这个世界以北斗星为天心，一些修炼气功的人，在采气时也都遵照这一图示，面对北斗星所指的方向。这是否从一种灵感信息上暗示着《太极图》的真正来源呢？或许《太极图》真的和外星人有关，未为可知。

Mei Guo Zhui Hui
De Wai Xing Ren
Fei Chuan

美国坠毁的
外星人飞船

牧场惊现外星人遗骸

1947年7月7日，在美国罗斯韦尔以西的一个牧场里，牧场主人布拉索尔发现了坠毁的不明飞行物，他马上将此事报告了罗斯韦尔的空军基地。

空军上尉马赛尔在现场转了几圈后，发现了几块残碎破片。他不知道这是用什么材料制作的。其重量轻如鸿毛，但质地却非常坚硬。他立即断定这个坠毁的飞行物不是飞机，因为作为一个空军情报官，他太熟悉空军和民航使用的飞机了，于是他的脑海里闪现出了飞碟的概念。

据马塞尔的儿子小耶西在其新书《罗斯维尔遗产》中披露，马塞尔调查过飞碟坠毁现场后，带着一些发现的遗骸残片回到家中。当时小耶西只有11岁，但他清楚地记得父亲当时激动的神情。马赛尔向家人展示了一种在坠毁现场发现的银箔状物质，它像纸一样薄，但却根本无法被撕裂或用刀子切开；它甚至还具有记忆功能，马赛尔试图将它折叠起来，但它每次都能神秘地展开，恢复原貌。

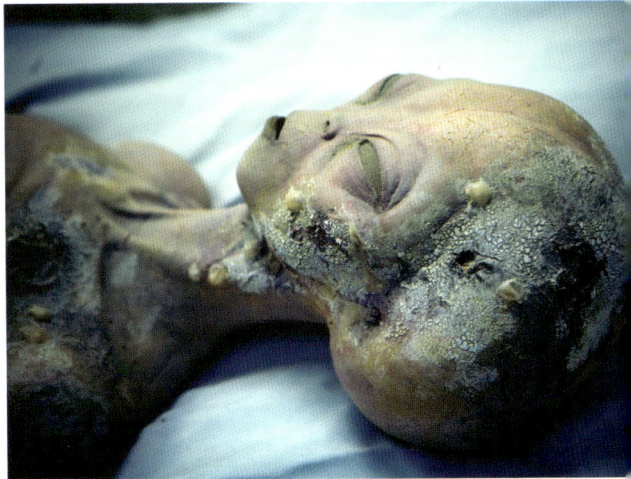

坠毁的东西虽已破烂不堪，但仍可看清它的轮廓：乌龟壳状，很大，直径足有10米，分内外两个舱，内舱直径也有7米，内外舱之间是一种空腔夹层，内有各种密密的电缆线。内舱似乎是驾驶舱，舱壁有一块板，上面有数不清的奇形怪状的控制机关，而板前面有3把座椅，每把座椅上都有一具用安全带系紧的死尸。

外星球
生命光临地
球城市

死者的个头都很小，只有1米左右，他们的皮肤洁白细腻，身穿黑色闪光套服，脚和脖颈的穿戴都系得很紧，穿的鞋质地柔软而无硬度。使人感到惊奇的是，死者的头很大，鼻子很长，嘴很小，手上只有4只手指，指间有蹼趾相连。

消息震惊五角大楼

当天下午，马赛尔指挥的回收小分队回到罗斯韦尔空军基地，基地的情报官奥特中尉向美国新闻界公布了这一消息。8日早晨，罗斯韦尔《每日新闻报》全文刊登了基地司令布朗查德上校签发的"新闻公报"，称他们发现了一只飞碟，并且这只飞碟残骸正被送往赖特·帕特森空军基地途中。

当拉梅将军得知布朗查德上校透露发现飞碟的消息后，被气得脸都青了，为了挽回《每日新闻报》在美国公众中引起的骚动，拉梅将军在福特沃尔德电视台举行了记者招待会。在记者招待会上，拉梅将军称，所谓坠落的飞碟是机场的气象气球，气球在夜空爆炸而坠落在布拉索尔的牧场，罗斯韦尔基地的《每日新闻报》是错误的判断。拉梅将军还命令最先发现

左图：外星人正在打开飞碟　　　右图：外星人在飞碟中工作

残骸的马赛尔少校捧着一个气象气球残骸拍摄了一张照片，让马赛尔对媒体称，这个气象气球残骸就是他在坠毁现场的唯一发现。

美国总统也关注外星人

1953年，人们对罗斯韦尔飞碟事件的议论风潮，引起了美国总统、五星上将艾森豪威尔的关注。

艾森豪威尔刚登总统宝座不久，就在政界宣布要对罗斯韦尔飞碟事件进行一次调查，但是，总统立刻感到他的决定使其面临一种难堪的境地。一位不愿透露姓名的美国中央情报高级官员得知总统这一打算后，竟狂妄地说道："任何总统都没有资格要求接触诸如飞碟之类的档案材料。"

艾森豪威尔感到事情很难办，他不但很难改变情报机构对总统的敷衍态度，而且还受到美国军界的反对。美国军界认为，在距地球很远的宇宙中，生活着比我们地球文明先进千万年以上的发达人类。飞碟就是这些人派到我们地球来进行科学考察的太空飞船。随着地球人科学技术的发展，其他星球上发达的外星人对我们地球越来越感兴趣了。在地球上，如果谁

能够首先与外星人建立起联系，那谁就能首先掌握比我们现代更发达的科学技术。这对我们地球人有重大意义，尤其在军事上意义更大。

当时正值第二次世界大战刚刚结束不久，美国必须保持军事技术的先进，因此保密是绝对必要的，就是对总统也不能例外。不过，这些坠毁的飞行器真的是外星人的交通工具吗？

2011年4月初，美国联邦调查局（FBI）对外公开的一份备忘录显示，美国知名的"1947年飞碟坠毁事件"可能确有其事。这份备忘录指出，外星人曾于1950年前降落美国新墨西哥州的罗斯威尔市。备忘录指出，在发现一架毁坏的飞碟里面有3具尸体。

这份呈报给当时FBI局长的备忘录，由负责华盛顿办事处的特工霍特尔执笔写于1950年。备忘录披露在调查局设立的在线公共档案"数据库"中，民众可以通过登录相关网址访问搜索。

新墨西哥州的外星人残骸

如果说第二次世界大战时对于外星人的信息必须要保密，那么，随着战争的结束，特别是10～20年以后，保密就显得没有必要了。20世纪60年代，美国20世纪不明飞行物研究会组织的主席罗勃·巴利向外界透露了一些惊人的秘密，他说至少有30具来自其他星球的外星人的尸体被保存在美国几处秘密的地点。这些尸体都是从世界各地坠毁的外星太空船的残骸中找出来的，美国和其他一些国家对于这些外星访客的着陆点都有许多秘密的存档。有关这些外星人尸体的惊人消息，是巴利先生从美国军方有关人士那里获知的。目前，他掌握着1962年在美国新墨西哥州的某个空军基地附近坠毁的一架不明飞行物的最详尽的资料。

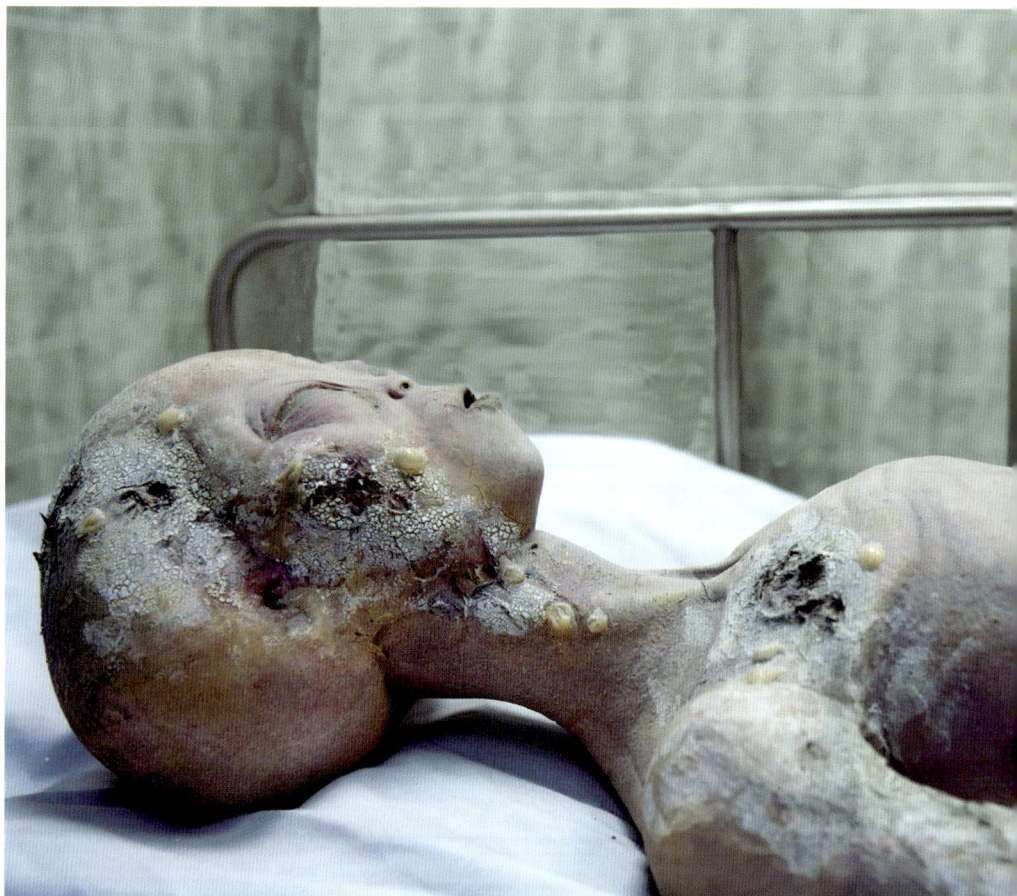

那个坠毁的物体，直径约17米，由一种地球上至今未发现的金属制成，是一艘典型的碟状飞船。它还装有着陆装置，但并没有放下来，它是以90千米/时的速度着陆的，在它准备着陆之前，已经被美国好几个州的军用雷达发现。

在这堆坠毁的残骸里，有两个外星人，他们的高度大约1米，这两个外星人的脑袋要比地球人的大一些，他们的鼻子只是个小小的突起状肉团，嘴唇很薄，他们像地球人一样，有一对耳朵，但小得很，而且没有耳郭。随即，这两具尸体后来被送到美国东部一所著名大学的医学中心进行解剖。

巴利说："这个消息是那些看见过这两个外星人的目击者提供的。他们说这两个外星人的肺部同我们没有什么两样，他们看来是在一个氮气多于氧气的世界上生活的，因此他们对地球的环境也很适应。"

与活着的外星人面对面

巴利说："1950年底，美国新墨西哥州的一个空军基地，一架不明飞行物在一条跑道的末端平稳地着陆了。有几辆吉普车立刻朝那个不明飞行物驶去，那是一个圆盘状的飞碟，外形十分典型。"

显然，这是一次面对面的接触，吉普车上的军官把该物体里面的乘员接上了车。

然后，吉普车朝基地指挥部的方向驶去，这些乘员在指挥部里逗留了约1个小时，然后，又用车将他送回外星飞碟。这些乘客回到飞碟后，飞碟就垂直起飞走了。此后几年，美国与外星人的交往似乎很密切，他们是否真的保存了30具外星人的尸体，这些外星人的尸体又被保存在什么秘密的地方，美国当局至今对这些问题保持沉默。

巴利认为，美国拍摄的有关不明飞行物和外星人的影片虽然被人称为科幻影片，但其内容有70%却是真实的。它是根据艾伦·海尼

上图：夜空中圆盘状的飞碟

下图：走出飞碟的外星人类

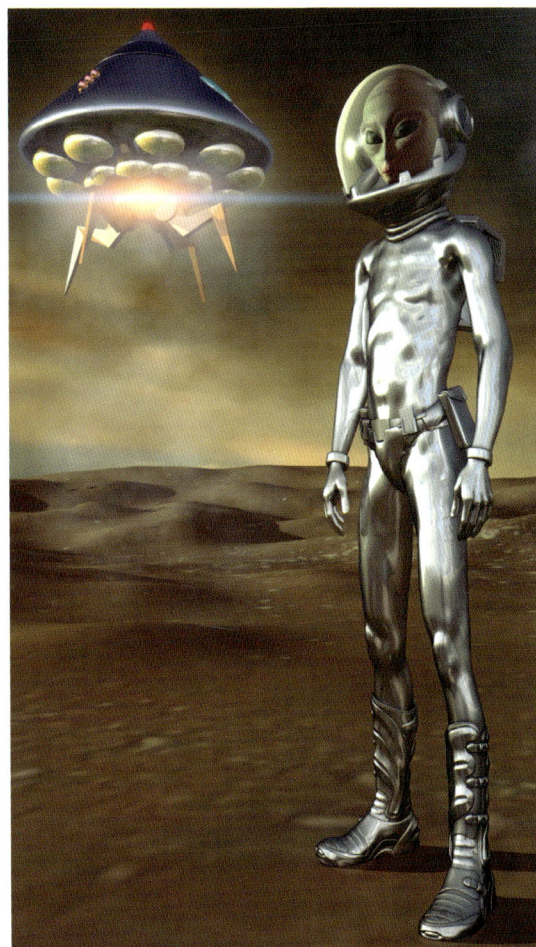

克博士所掌握的UFO案卷改编的，这位博士担任该片的技术顾问。巴利说，根据目前所掌握的有关不明飞行物坠毁的报告，约有30具外星人的尸体在美国保存着，具体地点不详。不过，有一处是可以肯定的，那就是俄亥俄州西南一个城市近郊的空军基地。

51区的卫星照片

51区是美国的一个空军基地。据说有几个外星人乘坐飞碟闯入美国领空后，被美国空军俘获，并把他们运送到这里，但美国军方矢口否认这件事。

美国哥伦比亚广播公司在2000年4月17日的晚间新闻中报道了这一消息：美国罗利航拍照片公司在自己的网站上公布了几张十分清晰的51区卫星照片。

这些照片是由俄罗斯1998年发射升空的一颗间谍卫星所拍摄的，是罗利航拍照片公司在微软和柯达儿家公司的帮助下，从俄罗斯航空航天局下属的一个公司所购。

消息一经传出，立即在美国人中引起了轰动。据说在网上公开的卫星照片共有5张，无论是解析度还是清楚度都是世界上一流的。该网站由于不堪重负，几乎陷入瘫痪状态。

在这些照片上，可以清楚地看见在51区这片荒漠上兴建着完备的机

场设施、大片的仓库以及自从20世纪50年代开始在当地进行核试验留下的大坑。其他数百幢大楼、生活区、网球场、棒球场和游泳池也一览无余。从卫星照片上来看，基地中没有平整的道路和停车场，汽车是这里唯一可见的交通工具，而道路则在悬崖边消失。

因此，有人怀疑基地是否存在地下交通网络。罗利航拍照片公司的总裁约翰·霍夫曼说："从这些新照片上可以看见跑道、建筑物，但是没有绿色小矮人或者绝密飞机。"

对于那些对51区感兴趣的人而言，显然这么几张照片是无法满足他们的好奇心，但是照片里所留下的一些空白还是给人们许多想象的空间。

回不了家的外星人

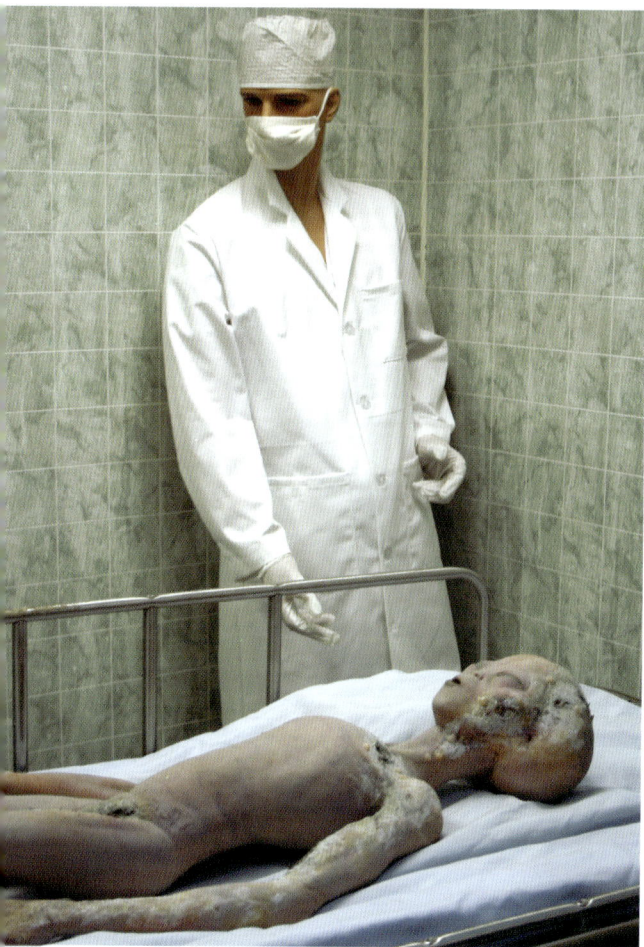

上图：遗留在地球上的外星人尸体

外星人尸体照片

外星人频频来访地球，其中有一些宇宙飞船因意外失事，坠落在一些偏僻的地方，而飞船上的外星人再也回不到自己的家乡了。美国著名的UFO研究专家威涵博士得到了许多情报，揭露了美国当局保密多年的奇案。

威涵称，美国和墨西哥的秘密档案中有很多飞碟失事的记录，他们搜集了1.5万份政府公文，从这些公文中得知，在美国境内最少发生过两次外来宇宙飞船失事的事件。

美国政府否认掌握这些材料，但美军离职人员和几位曾经检验外星人遗体的验尸官证明，他们曾亲眼看到过这些外星人的尸体。威涵说："我们得到一批由美国海军摄影官员拍摄的外星人尸体的照片，照片的底片经

两家有声誉的摄影公司验证，证实不是仿制品，年代属实，没有涂改、叠影、缩影等修改的迹象。"

威涵在电视上展示了这批外星人尸体的照片，1948年7月的某夜，美国空军雷达网发现了一个高速飞行的不明物体，于是开始追踪，后来看到这个不明的物体坠落在德克萨斯州拉列多镇以南30千米的墨西哥境内。

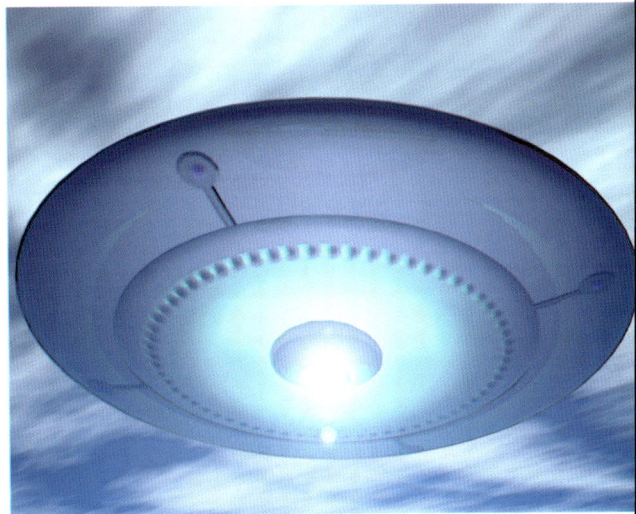

墨西哥政府立即派军队封锁了现场，并报告了美国政府。美国政府随即派了一批官员和专家前往现场，同行者中有一位海军的摄影军官，是他拍摄的这批照片。

这位摄影军官现在还在服役，他在将照片交给威涵时还写了一封信，信中说："假如公开这批秘密照片，你们难免要遭到怀疑者的攻击，也一定会遭来美国政府某一秘密机构的麻烦。这个机构神秘到你们无法想象的

地球人
抓获外星生
物标本

程度。我已将照片中围观的一些人物剪掉，以免被认出。"

这名军官还说，坠落的宇宙飞船爆炸焚烧，残骸和两具外星人的尸体均被送往俄亥俄州的一个美国空军基地检验。威涵从照片中发现，飞船失事烧死的外星人是名男性，身高约1.3米，身穿银色太空装，脑袋比常人的头要大，头戴太空盔。

巴拿马太空星球人遗骸

巴拿马著名的心理学家、精神病医生拉曼狄·艾桂拉，也是一位有名的UFO研究专家，同时还担任巴拿马外太空现象研究中心的主席。艾桂拉博士在墨西哥国家电视台上拿着一具外太空星球人遗骸讲述了发现的经过。

在巴拿马首都巴拿马市70千米以外的圣卡洛村附近的海滩上，一个小

男孩发现了一具外太空星球人遗骸，外面包有衣物。随后小男孩拿着它去见朋友的叔叔贾西亚莫拉医生。贾西亚莫拉医生是国家一流的心脏专家，发觉这是人体，就立即将其送到巴拿马大学医学院检验，证实无误。

贾西亚莫拉在电视上说："小孩刚拾到时，以为是玩具。后来认为他可能是一个被水淹死的人。开始他的身体是柔软的，不久便僵硬了，可惜小孩子不懂事，把他的衣物扔掉了，于是失去了线索。"

被发现的尸体颈部脊椎骨特别巨大，直径也比较宽阔，这标志着他有高度发达的神经系统及高度的智慧。

他的头部比例比人类要大。然而奇怪的是，这具尸体胸腔内没有肋骨，只有一块平板胸骨。

从这具尸体看，这可能是个婴儿的遗骸，其成人的身高应该在1米左

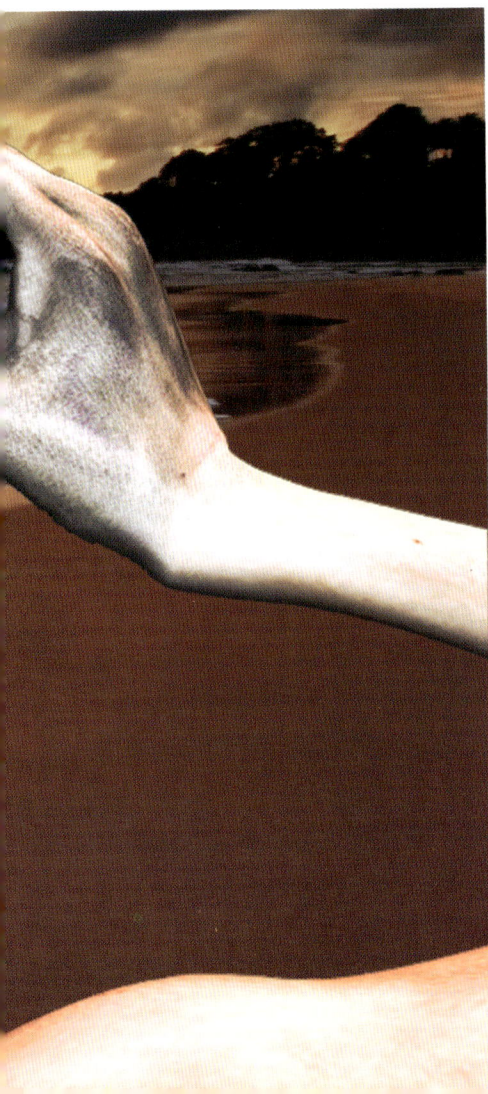

右，身体肌肉发达，但两腿非常瘦。外星人的身高可能不止1米多，是因为来到地球受到大气压力之后，体形才急速缩小和硬化。

艾桂拉博士说："他和我们人类不完全一样，因此我们推断他可能是外太空星球人类的婴儿。他怎么会出现在巴拿马海滩上呢？他是外星人来到地球上生下的，还是私生弃儿？"

不过，也有人怀疑他是一种绝迹的侏儒种族，因为在非洲扎伊尔的原始森林就有侏儒族。侏儒族身高仅0.6米左右。那么南美洲可能也有矮人族，说不定此具尸体是从非洲漂洋过海的矮人。总之，这是人类学上的一个无法解答的谜。

意大利坠毁的飞碟

据意大利飞碟专家阿·别列格收集的材料介绍，1977年，该国一位名叫艾·波萨的建筑师有一天驱车外出旅行，在一个荒无人烟的地区，他发现离公路不远的地方倾斜着一个圆盘状物体。出于好奇，艾·波萨走近了这个物体。这个圆盘下方有4个玻璃一样的透明小窗，从小窗里不时闪出一道道刺眼的亮光。

艾·波萨在飞碟上发现有一个打开的舱口，应该是这个飞碟的入口。

波萨从舱口走进了这个物体内，在直径6米的圆舱里发现了3个黑色物体，其中一个黑色物体中有一个外星人尸体，他马上通知了意大利军方。据了解，这个外星人身高约1.5米，皮肤呈墨绿色，只有脸上的颜色比较浅。这个外星人与地球人一样有眼睛、鼻子和嘴巴，但每只手上都只有3根手指。

后来，这具外星人的尸体被送到了意大利一家医院进行研究，但意大利官方却否认了这一事件。

上图：疑似外星人图片

下图：用外星人制作的标本

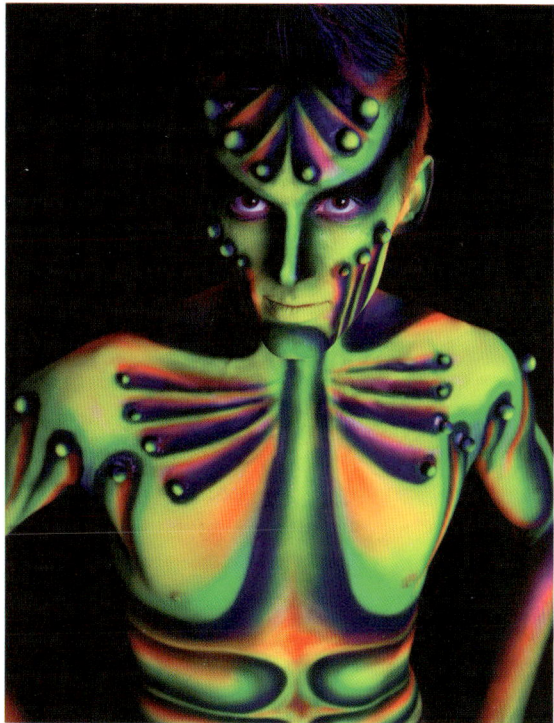

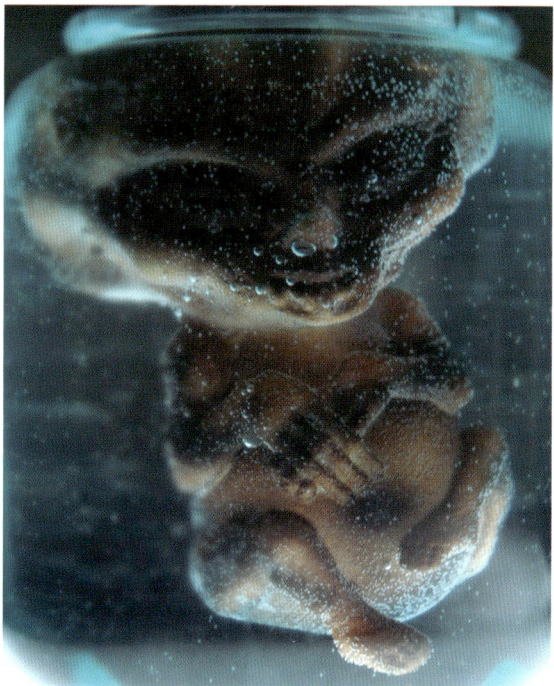

Mei Guo Chu Xian
Hei Yi
Wai Xing Ren | # 美国出现
黑衣外星人

不断出现的神秘黑衣人

1951年的一天，在美国佛罗里达州最南端的基韦斯特，几个海军军官和水手正驾驶着一艘汽艇在佛罗里达海面飞速行驶。

突然，一个雪茄状的物体出现在海浪上，发出一种脉冲式的光芒，一束淡绿色的光柱从它的壳体上射出，似乎一直射入了海底。

汽艇上的军官和水手好奇地用望远镜仔细观察这个奇怪

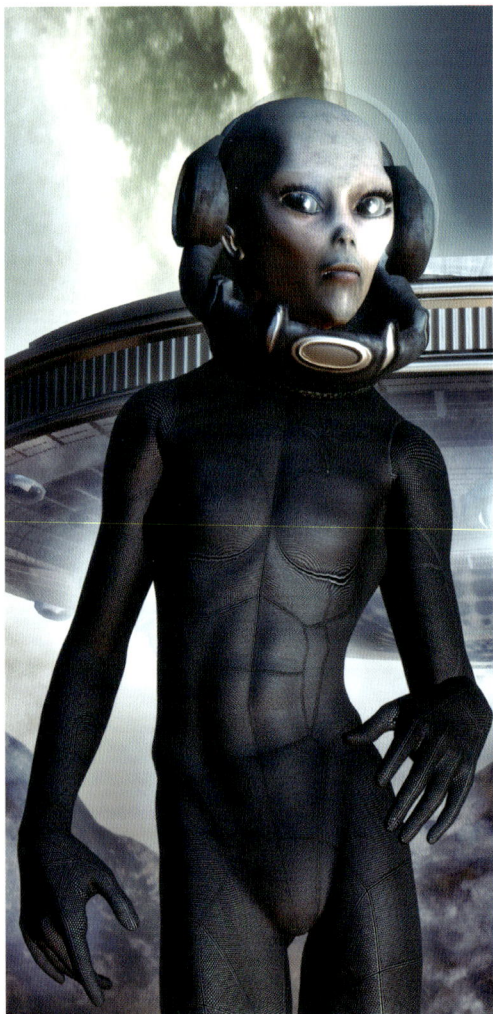

外星人名片

名称：佛罗里达外星人
类型：东方人型
特征：身材高大
出现地点：美国
出现时间：1951年

的物体，这个雪茄状物体光柱射入海底后，它所在的海面上立刻就漂浮起一大片翻了肚子的死鱼。

忽然，地平线上出现了一架飞机，而那个雪茄状的神奇物体也随即升入高空，几秒钟之内它就消失得不见了踪影。

之后，更令船上的军官和水手诧异的是，汽艇刚刚在基韦斯特港系缆靠岸他们就遇上了一群身穿黑色衣服的"官员"。这些官员把他们叫到一边，询问他们在大海上看到的情形。

据一位目击者说，这些"黑衣官员"是设法用提问的方式来使他们的目击报告失去真实性，并要求他们对这件令人吃惊的事件保密。

弗兰克·爱德华兹在他写的一本书里描写了这样的事情。1965年12月，美国一家大型联合企业的干部目睹了一个飞碟，后来便有两名"黑衣官员"拜访了他，向他提了一大堆问题，然后对他说："你应该怎么做这用不着我们说，不过我们向你提个建议——请不要向任何人谈论此事。"

一直关注此事的英国UFO专家约翰·尔基表示，他已经调查了50多个外星人案例，其中，这些"黑衣官员"或是直接找到目击者，或是通过电话同目击飞碟或拍到飞碟照片的人联系。约翰·尔基也曾走访了五角大楼，想验证一下那些人是否真是军队派去的。但是五角大楼明确地告诉

他，他们谁也没有听说过50多起案例中的黑衣人的事情。

竭力封锁飞碟之谜的黑衣人

这些神秘的黑衣人不仅会威胁目击者不要和任何人谈论见到过他们，甚至关于他们的交通工具——飞碟的秘密也竭力掩饰，并利用一些令人诧异的方式来封锁这些消息。而最令人震惊的同时也是最有名的案例是艾伯特·本德事件。

国际飞碟局是一个民办机构，其任务是要从各个方面研究去飞碟现象，《航天杂志》则是这一组织的刊物，而艾伯特·本德则是国际飞碟局主任和《航天杂志》经理。

1953年7月，本德在这本杂志上的一篇文章中写道：

飞碟之谜不久将不再是个谜了，它们的来源现已搞清。然而，有关这方面的任何消息都必须奉上面的命令加以封锁。

我们本来可以在《航天杂志》上公布有关这方面消息的详细内容，但我们得到了通知，要我们不要干出这种事来。因此，我们奉劝那些开始研究飞碟的人，千万要小心啊！

1953年底，3个身着黑色衣服的人来找本德，并且要本德放弃他的研究。

几天之后，国际飞碟局就解散了，《航天杂志》也停办了。更令

人意想不到的是，两名蜚声世界的飞碟研究专家威尔金和弗兰克·爱德华兹在正要宣布重要发现时，却都无声无息猝死在家里。

黑衣人是外星人吗

那么，这些黑衣人究竟是些什么样的人呢？有人说他们是外星人派到地球上的一支"第五纵队"。

但到目前为止，人们所知道的只是一些少得可怜的情况：他们大都是彪形大汉，身穿黑色衣服，他们的面庞是"娃娃脸"或"东方人的脸"。

在一般情况下，他们遇到人时总要详细盘问，然后把人身上有关他们的记录、底片、分析结果、飞碟残片等全都拿走。也有另外的情况，为了达到自己的目的，他们会对人施加心理压力，甚至还行凶杀人，但这是极少有的。

世界上一些UFO专家认为，种种迹象表明，黑衣人的存在是毫无疑问的。他们同人类接触的事例已不胜枚举，因此我们没有任何理由把这种接触说成是某种幻觉或有人想故弄玄虚。

既然他们的存在确凿无疑，人们就必然会设法从理论上去解释他们。

有人把黑衣人说成是美国中央情报局的特工人员，这种假设曾一度广为流传，而且还有人为此而发表文章。

那么，这些黑衣人到底是些什么人呢？他们的目的何在呢？他们拥有什么手段？他们来自何方？全世界的飞碟研究专家都在思考着这些问题。

不过，大量的事实证明，黑衣人在地球上的存在可以追溯至很久以前。但在几个世纪以前，黑衣人的活动没有像现在这么频繁，也没有像现在这么公开。这是因为黑衣人如果真的肩负着保护他们人种使命的话，那么我们就完全可以认为，黑衣人受到现代飞碟研究专家们探索的威胁，远远超过以往任何时候。

直至今天，许多人认为黑衣人的存在已经是无可否认的事实了。至于说他们是否就是飞碟的主人，是否是来自其他星球的人，还是一个谜，还需要更多的科学家或飞碟爱好者去探索、去解谜。

在飞碟控制
室工作的外星人

山谷内
奇遇外星人

身穿航天服的怪人

1954年春季的一天夜里，在法国蓝色海岸的一个山谷里，一位不愿透露自己姓名的法国人遇到了一件奇事。

这天夜里2时40分，他正沿着一条小路朝家的方向走，忽然听到一阵说话声和金属相互碰撞时发出的声响。他还以为是附近铁匠房里传出的打铁声，因为那金属的声响同铁锤在铁板上发出的撞击声差不多。半夜里铁匠铺里怎么还会有打铁的声音？难道铁匠们晚上不休息吗？他对此感觉十分奇怪，并感到有些害怕，随即他又安慰自己，可能是铁匠铺最近生意比较忙正在加夜班而已。因此，他安慰着自己继续朝前赶路。

就在这个时候，让他意想不到的事发生了。他发现在离他仅10米远的地方，有个金光闪闪的物体停在路旁的地面上，它是一个圆盘状的物体，直径有5米，厚度约1.2米。这个圆盘状物体的左侧，站着一个怪人，他身材矮小，穿着一身散发着磷光的、类似航天服样的套装，脸部

被一块布一样的东西蒙着，只能见到鼻子以下的部分。他的旁边有一个同他一样的怪人，正蹲在那个圆盘状物体的下面忙着修理什么。

遭受外星人袭击

发觉有人走近后，这两个怪人就将身子转向了这个法国人。其中一个怪人将一个类似手电筒的东西对准这个法国人，一束刺眼的白光直射在法国人身上，将他击倒在地，但他仍能听到声音和看到东西。不过，他浑身软绵绵的，好像正在做一场噩梦。

"我受到外星人的袭击了！早知道就该绕路而行了。"看着不断向自己走来的怪人，这个法国人不禁想到，"不知道他们会不会把我带走？"

外星人飞
碟带走地球上
的牛

　　此时，其中的一个怪人走了过来，他摸了摸倒在地上的法国人，将自己脸上的面罩掀起，露出了一张可怕的面孔——浮肿的脸上满是皱纹。同时，他又举起右臂朝法国人友好地挥动着，意思好像是请躺在地上的法国人注意看着他。然后，这两个怪人便朝着那个圆盘状物体走去，不过他们的步履艰难，是你推一下、我拉一把才走到那个物体跟前。这时，圆盘状的物体闪过一阵光芒，这个法国人便失去了知觉。

　　当他睁开眼睛时，那个能飞行的圆盘正悬停在他的上方——它正在自转，并且发出一种像鼓风机似的轻微的声音，一股不知名的气味迎面扑来。突然，一道异常的强光将四周照得如同白昼，这个金光闪闪的圆盘开

始腾空而起，它的四周火花四射，很快就消失在夜幕之中。第二天，这个法国人发现那个圆盘停留过的草地上，杂草被压弯压断，形成了明显的着陆痕迹，他才意识到遇到的一定是两个外星人。

纽芬兰残害事件

外星人一般对地球人表现出来的态度是友好的，但也有个别例外，并发生了一些外星人杀害或者残害地球人的事件。

事情发生在纽芬兰奥克兰市郊外。1968年2月2日早上，39岁的牧场主人艾摩斯·米勒与17岁的儿子比尔正在修建篱笆，突然传来一声巨响，两人往声音的方向一看，有个碟形的物体悬浮在200米外的森林上空。碟形飞行物机体上部有圆锥形的突出体，机体上有着成排的窗户，整体上很光亮。一会儿飞碟慢慢放下3只着陆脚，缓缓下降，最后降落在小河对岸。

比尔吓得愣在原地，艾摩斯则在好奇心的驱使下单独走向飞碟，当他走到小河的岸边时，对岸的飞碟向他发射光线，艾摩斯后仰倒地，继而飞碟发出"嗡嗡"声上升，高速飞离现场。比尔跑过去一看，顿时瘫倒在地，他的父亲已经死了，并且头部的头发与头皮也不见了。

医师解剖艾摩斯的尸体时发现，除了头皮以外，他全身没有任何外伤，但却找不出失去头皮的原因，最

后的结论是"死因不明"。更奇怪的是，尸体骨骼所含的磷全被抽掉。

美国汽车司机被害

另一个被害人是美国密苏里州吉拉多角市山姆·丹克斯雷运输公司的45岁司机叶迪·维普。1973年10月6时20分左右，维普开着大拖车奔驰于密苏里州的55号公路。

突然，维普发现车外有一个奇怪的飞行物体正在低空飞行，那个飞行的怪物体好像是铝制的。他连忙唤醒正在睡觉的妻子，再度看窗外，怪物体已经消失了不见了。但从后镜一看，怪物体尾随在拖车后面，紧贴着地面在飞行。他把头伸出窗外，转头看后面的怪物体，怪物体相当庞大，几乎覆盖了55号公路上下两车道，直径大约有10米，飞行高度大约是公路上方1.5米。

之后，怪物体突然发出闪光，一颗火球飞向维普。他连忙把头缩回车内，但已经来不及了，火球命中他的头部。他感觉头部热得好像快裂开，同时眼睛也看不见了，他对着妻子大叫："上帝，眼睛看不见了！我的眼睛被烧掉，看不见了！"

　　两人合力把车子停在路旁，维普夫人端详丈夫的脸，吓得说不出话。维普眼镜的其中一个镜片好像被高温熔化一般呈现扭曲，几乎从塑胶的镜框掉下来。维普夫人取代丈夫坐上驾驶座，连忙把遭到飞碟攻击的丈夫送到南密苏里医院。

　　所幸维普的失明状态只是暂时性的，他的视力随着时间的推移逐渐恢复，但却无法完全复原，1米外的东西仍看不清楚，无法脱离弱视的状态。另外，他的额头红肿，经常向医师与妻子表示额头与眼睛内侧疼痛。

动物遇袭事件

　　1967年9月9日，美国科罗拉多州阿拉蒙镇的金格牧场附近有一匹惨遭屠杀的马尸被人发现，发现尸体的人是金格牧场主哈利·金格与马匹主人路易斯夫妇，被杀的是牧场里用来乘用的3岁小马史尼。

　　据金格牧场主哈利·金格与马匹主人路易斯夫妇介绍，在这匹马惨遭

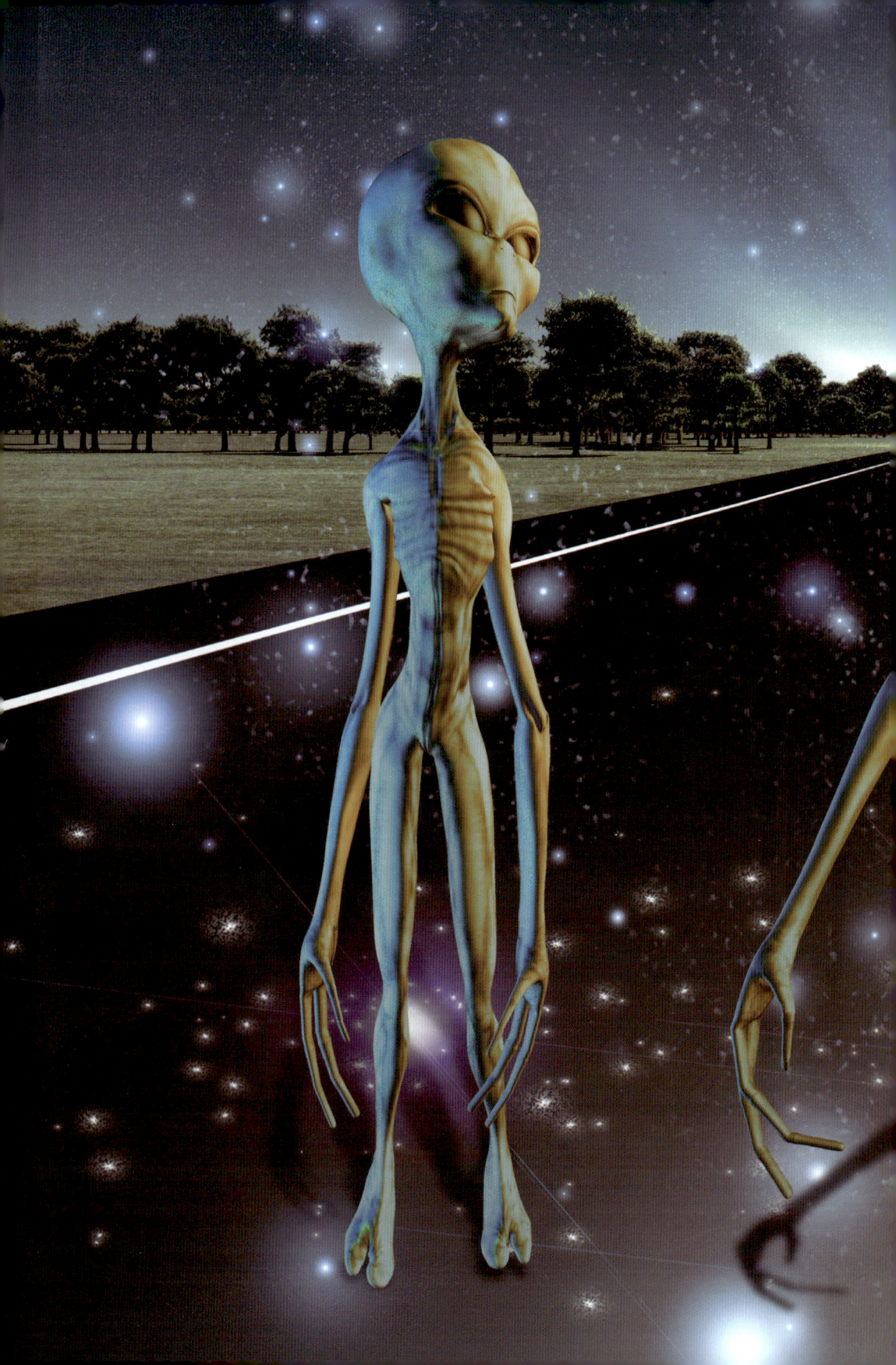

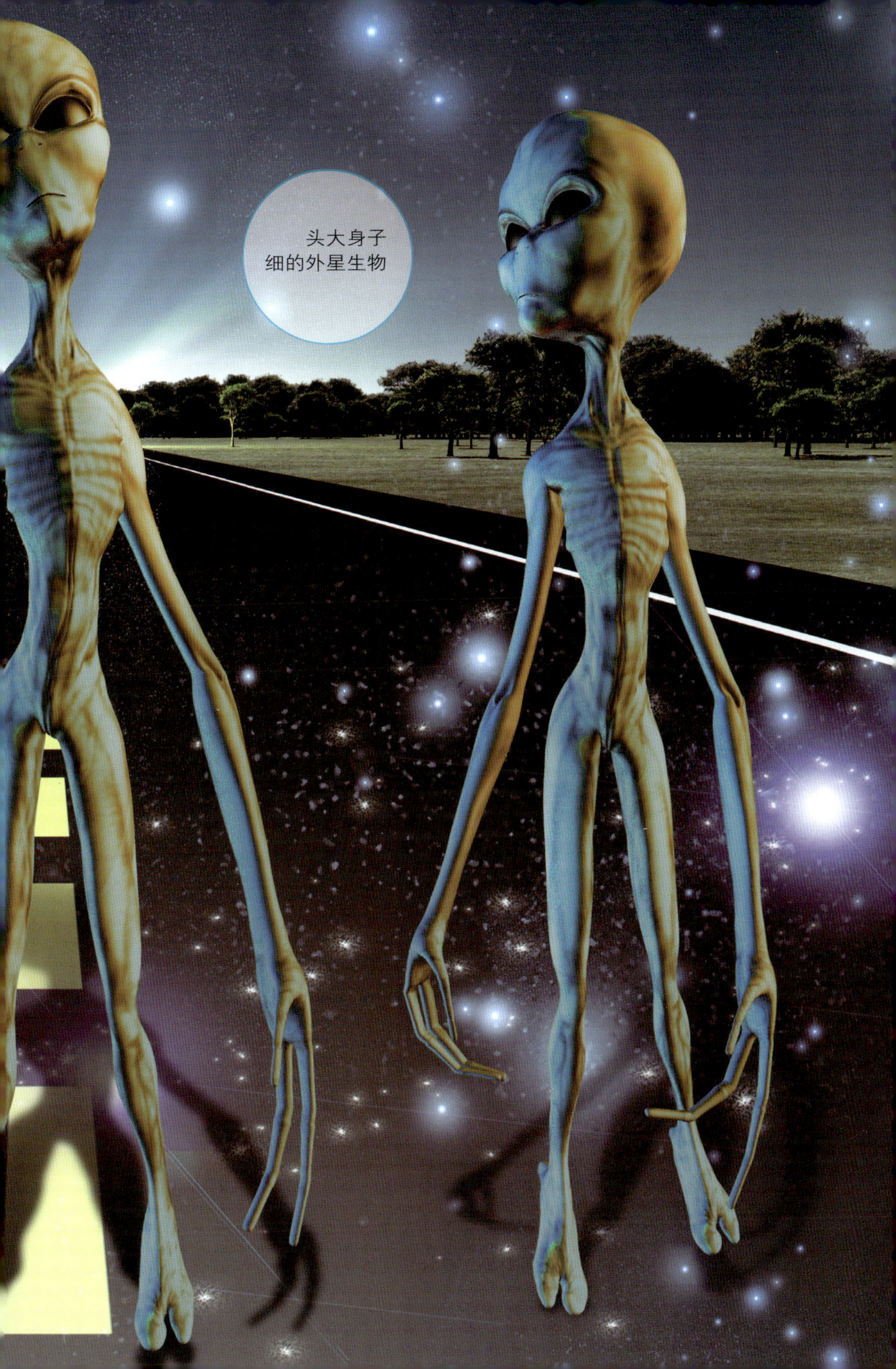
头大身子
细的外星生物

杀害的前一天，路易斯夫人还骑着这匹马在附近散步，散完步之后，路易斯夫人像往常一样将马拴在了马棚里。发现时，这匹马的尸体从肩部起肌肉连皮被削掉，被削过的头骸骨与颈骨暴露在外，颈部几乎不留一片肉。

有专家指出，除非使用现代外科手术，否则普通人很难将颈部的肉削得如此干净。根据现场调查，尽管屠杀家畜的手法非常残忍，但在尸体附近却连一滴血也没留下。

验尸官在小马史尼的尸体下面发现了一片黑如焦油般的物体，而且这具尸体的周围还散发着一股呛鼻的药水味。一位专家在距离尸体现场100米外的地面上，发现了好像用瓦斯燃烧器烧过的凹痕。无论就马匹遇害的方式和不可思议的现场状况，都很容易判断这个事件并不是单纯的恶作剧，但究竟是谁下手的？又基于什么目的呢？没有人知道答案。

在事件发生的前后，接二连三有人目击飞碟，于是开始有人认为飞碟与史尼事件有关。目击飞碟的人是丹佛市的查尔斯法官及其家人，他们在夜间目击3个橘红色的飞行物体。一天早上，赫尔曼先生的牧场被人发现一头牛遭屠杀，

于是里查·蒙迪斯博士前往现场调查，同时询问附近的居民前一天晚上是否看见任何不寻常的现象。结果一位佃农山姆·亚伦表示他也看见了令人难以置信的情景。

事情大约发生于后半夜2时左右，当时夜空中繁星点点，山姆想去户外小便，但当他转身进屋后，吓得愣在原地，大约在100米的空中浮着一个直径约30米的飞碟，下方有一头牛像被无形的绳索吊着一般被吊离地面。山姆畏畏缩缩地观看着，这时，有3名形似外星人的人走出来，身高大约1米，穿银色服装。这3名外星人围着牛，其中一个人手持金属筒，按住牛的屁股，顿时牛像被催眠一般一动不动。外星人用力将金属筒探刺牛体内，再抽出来，慢步走回飞碟里面，这时牛已倒在了地上。

农民奇遇
外星人

雪茄状的飞行物

　　1964年4月24日早上大约10时，在美国的索克罗镇，一个名叫加里·威尔科克斯的27岁农民正在自己的园地里撒肥料。

　　忽然，从山冈顶峰射来了一道光芒引起了他的注意。他好奇地放下手中的肥料，开着拖拉机朝那座山冈的顶峰驶去。他在离山顶50米远的地方，看到一个呈雪茄状的长长的物体。开始他还以为那是飞机上扔下来的副油箱。但他很快又意识到，那并不是什么副油箱，那东西悬停在

离地面1.5米的高度，发出一种"嗡嗡嗡"的响声。

　　雪茄状物体看上去有6米长、2米厚，银灰色的表面极为光滑。这个美国农民小心翼翼地走了过去，用手触摸着这个物体。当时，他感到这个物体的表面如同小型汽车的车身。

会说英语的外星人

　　忽然，有两个人出现在物体的下方。他们都穿着银灰色的连裤服，脑袋也都紧紧地裹在这身衣服的上方。他们的腰部有一个盘子，上面装满了土块和植物的样品。

生活在外星球的外星生物

这时，其中的一个人朝年轻农夫走来，用十分标准的英语对农夫说："你一点也不用害怕，我们同其他人都已打过招呼了，是他们允许我们来这里拿这些东西的。"

　　奇怪的是，这些人说话时，嘴巴并没有张开，而这声音究竟是从哪个人身体的哪个部位发出来的，威尔科克斯也说不准。接下来，一场怪异的对话开始了。

　　来访者似乎对地球上任何东西都感兴趣，他问："你在这块地里干什么？什么是肥料，有什么用处？肥料是由什么组成的？"他还告诉威尔科克斯，他们是来自火星，他们到地球上来考察，是想了解一下地球上的农业情况，因为火星上的农业还很不发达。后来，话又谈到其他问题上，他

们还谈到了UFO乘员使用的推进装置。然而，直至最后，威尔科克斯都不敢相信这两个人真的是什么来自火星上的人，他始终认为这是搞恶作剧的人在拿他取笑。但是，他并没有听到来访者嘲讽的笑声。

来访者对农民讲，不要把这次相遇告诉别人，然后他们就朝那个雪茄状飞行物的下方走去。上了飞行物后，飞行物开始水平朝前飞行，然后便向上爬升，消失在蔚蓝色的天空中，地面上还留下了痕迹。第二天，威尔科克斯把这件事告诉了父母，但他的父母根本不相信。

用语言交流

1953年5月23日，法国东部一位农民在山里干活，一个不明飞行物在

他的拖拉机上方盘旋，农民听到不明飞行物上一个声音在说话："请保持镇静！整个地球都处于我们飞行器的监视之下，我们的飞行器携有一批小型飞行舱，你们的星球跟我们那里的差不多……"

1963年5月15日，美国"水星号"飞船在太空飞行时，宇航员戈登·库珀以及地面指挥中心的人听到电波上有一种奇怪的语言，立即录了下来。美国语言学家研究了录音，认为这种语言不是地球人的。

外星人甚至还会讲地球上的语言。1973年11月3日20时许，卡斯蒂略被邀参观了外星人的飞船，登上飞船以后，从一扇门里走出两个飞碟人，其中一人与卡斯蒂略握手问候。使卡斯蒂略惊奇的是，此人竟能叫出他的名字，并能用标准的西班牙语同他交谈。

上图：仰望茫茫天空的外星人

左图：乘飞船来到地球的外星人

用手势交流

语言并非是唯一的传递信息的工具，外星人似乎也能明白我们的手势，甚至很快就能模仿。

1952年11月20日，在美国加利福尼亚州的沙漠中，美国人亚当斯基遇到一个金星人。

这个陌生人身高1.65米，头披长长的金发，长得相当标致，不过，看不出他究竟是男还是女。

他身穿一套棕色的套装，脚穿红色软皮高帮皮鞋。此人主动同亚当斯基用手势交换思想，从而使亚当斯基知道，这个人来自金星。当这场沉默的交谈结束时，这位自称来自金星的人微笑地指了指地面，意思好像是："看！我留在沙地上的脚印是多么的清楚。"

外星人常常还会学着汽车灯的闪烁而有节奏地射出光束，用来向目击者传递某种信息，如同人类的灯语。

心灵感应交流

许多目击者还说，外星人跟他们用心灵感应交换信息。宇宙星体生命之间的沟通联络，虽然摒弃了语言，却可以通过大脑思维物质的运动形态来实现。

　　1968年8月21日，在阿根廷的一座山上，一位青年遇上了3个外星人，外星人没有任何动作。但这位青年脑子里却得到命令，要他跟外星人登上停在一旁的UFO里去。

　　进去以后，一位护士角色的乘员站在他面前，他立即感应到外星人要他脱去衣服，但他没有服从，他脑子里马上又得到命令：立即脱去衣服。做完实验之后，他又得到命令进入另一个房间……

　　在这个目击案例中，昏迷中的目击者同UFO乘员用心灵传感进行交谈，好像进行一次长时间的谈话那样。在催眠术下这种情景就反映得十分清晰，这样，对方就知道了传来的意图。但这种物质流或物质波我们人类现在还没找到。

　　这样的奇遇会是真的吗？有待人类继续考察。

不要再躲藏 　|　**059**　|

Fa Guo Shen Mi De
Hei Ying
Wai Xing Ren

法国神秘的
黑影外星人

黄色球状不明飞行物

马尔蒙山地处法国德拉吉尼安市北边几千米外，高达507米，站在山顶向南望去，可以看到地中海和岸边的圣拉法埃尔城。1973年10月19日，在德拉吉尼安发生了一次罕见的UFO事件。

当天20时40分左右，当地青年加布利埃·德莫格先生跟他的女友骑摩托车正沿着马尔蒙山的山道向山顶驶去。这两位热情奔放的青年准备一鼓作气，一直驾驶到离山顶不远的一块平地上。

突然，姑娘发现右侧有一个发着强光的黄色球体跟摩托车朝同一方向在前进，它的四周有一圈较淡的光晕，这光晕仿佛在绕着球转动。

这时，这对年轻的恋人离山顶只有1000多米了，他俩停下车来开始观察这个会发光的球体。这个发光球体在低空由西向东移去，离他们估计只有600米左右的距离。

　　那个亮球的大小与一个普通西瓜差不多，它正在飞向马尔蒙山的南坡，一会儿便消失在山脊另一侧。加布利埃和女朋友感到很害怕，便赶回到德拉吉尼安家中，并将此事告诉了一位正在德拉吉尼安家中做客的朋友。

3米多高的黑影外星人

　　这位做客的朋友恰好是一个UFO研究团体的成员，于是他把加布利埃的事告诉了同伴中其他3名成员。之后，他们马上分乘两辆汽车前往现场。他们从小道驾车上了那块平地，然后把汽车转过方向，对准下坡的路。关好车灯后，坐在平地上的两个石凳上，观看周围的山色。

光临地球的外星人巨型飞碟

　　等他们的眼睛适应了山野的黑暗后，首先看到80米开外的山顶上有一个白色的发光体，虽然不太清楚，但可以分辨。接着，那个发光的东西发出一种奇怪的声音，搞不清那是什么样的声音，但有点像收音机里的杂音，4个在场的人谁也说不明白。与此同时，成员乔治·马克雷起身靠在地平线方向的石塔上，他感到那石塔竟是滚烫的，自己的身子也被一股热浪穿过，他的同伴们也感到周围空气的温度在升高。

　　这时，他们发现山顶上那处白光下出现了一个红光体，这个红光体开始移动，上了一条满是石子的小路向平地移来。他们听到石子滚动的声音，好像有身体很重的人在路上走动。

　　每个人都在观察着从山顶移下来的红光体，发现伴随红光体而来的是一个黑乎乎的东西，他们估计那个黑影有3米高。在这过程中，那个奇怪的声音一直没有停止。

　　黑乎乎的东西慢慢地下坡，它来到离4位目击者只有25米远的时候，停下来了，它弯下去仿佛捡了什么东西，30秒后它又站立起来，中间部位的红光熄灭，怪声也同时消失。之后，山上一片漆黑、宁静。

逃避黑影人的追踪

　　过了一会儿，他们忽然听到汽车旁有树枝的断裂声，然后又是汽车剧烈的晃动声。每个人都吓呆了。阿兰·勒卡比较镇静，他发出信号，要大家赶快逃离这个地方。其他两位成员乔治·马克雷和克里斯蒂安·邦萨跑到自己的车前，他俩商定，如果发动不了车，就躲在山谷里的灌木丛中。

　　阿兰·勒卡的那位同车伙伴也跑到了汽车前边，当他正要打开车门时，从山顶上发出的一束白光把他和阿兰照得一清二楚。他俩立即卧倒，片刻后光束熄灭，一片黑暗。他俩飞快地钻进汽车，但车子发动不起来。这时，乔治·马克雷和克里斯蒂安·邦萨已经发动汽车离开了。

> **外星人名片**
>
> 名称：德拉吉尼安外星人
> 类型：巨人型
> 身高：2米以上
> 特征：体形高大
> 出现地点：法国
> 出现时间：1973年

　　阿兰·勒卡几经努力，终于把车子发动起来了，开出一段距离后他又刹住了车子，朝后边看去，只见那个黑影跟在车后五六米远的地方。接着他又看到第二个黑影和第三个黑影。3个黑影都很高大，足有2米以上。阿兰·勒卡向前开了几米又停下观察，3个黑影仍在向汽车慢慢走来。当黑影接近汽车时，阿兰又把汽车开出10～15米停下，他看到黑影停住了，便把车向后倒去，在离黑影5米处停下。

　　这时，3个黑影又开始向前移动。阿兰打开车门，探出半个身子，一只脚落在地面，对着3个黑影连喊3声："你们是好人还是坏人？"

　　离汽车最近的黑影这时转过去对着后面左侧的黑影，似乎交谈了几句，然后发出先前听到的那个奇怪的声音。过了一会儿，黑影又开始向汽车走来，速度快了一些。阿兰缩回车里，开车离去。

外星人遥控的机器人

阿兰·勒卡把同车的朋友送回家之后，他又离开德拉吉尼安市，独自一人来到山上。这一次他什么也没有看见，山顶的白光也不知去向，空气中散发出绝缘器着火后的气味。

不过，阿兰·勒卡在倒车时开着车后灯，那时他看到那些黑影高2米多，身上穿着不发光的上衣连裤衫，腹部有一道红光，头部形状方方的好像戴着头盔，眼睛部位有一个或两个长方形的发光的洞。他们行动非常缓慢，仿佛是机械装置。其中有一个黑影不戴头盔，只罩着一个面罩，面部前边有一个东西在动，可能是面纱之类。

另外，在离开的路上，乔治·马克雷根本没有转动方向盘，而汽车自己转身90°，横在马路上。一会儿，它又自动恢复了原先的方向，仿佛有一个巨大的力量指使汽车横在路上似的。

这四位同行者似乎不是在制造耸人听闻的消息，有关专家分析，他们很可能遇到了外星人，而这些乘员可能是UFO遥控的机器人。那么，它们半夜三更来这荒山野岭干什么呢？这一问题还需要我们进一步研究探索。

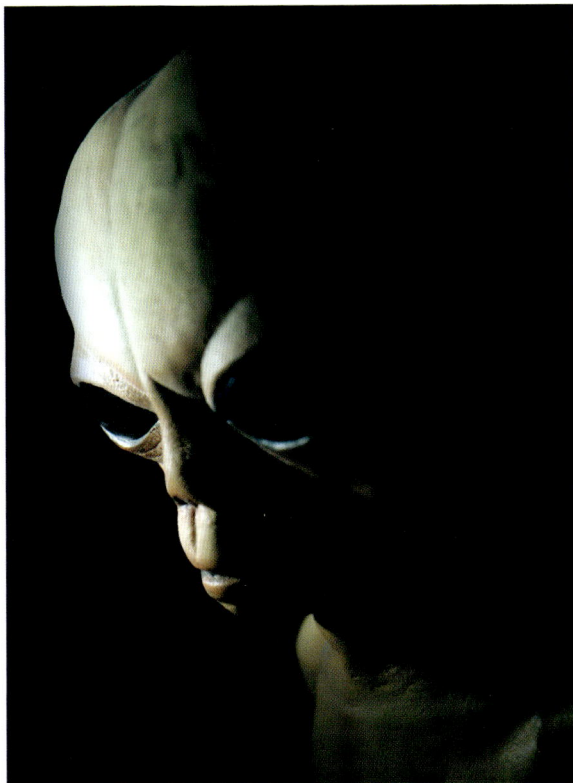

科西嘉岛上的外星人

三角形的飞行器

1974年3月15日晚20时，在科西嘉岛北端东北部的埃尔巴朗加镇，约翰尼和他的未婚妻开着汽车外出游玩。当约翰尼将车停在公路旁的一片凹陷下去的地方时，突然感到浑身上下有些不舒服，他觉得好像听到了一种低微的声响。

于是，约翰尼就侧脸朝左边看去，结果发现公路上站着3个模样古怪的人。约翰尼吓得面如土色，立即启动发动机，加大油门朝后倒车，结果汽车后部的车身被荆棘刮了好几道划痕。

终于，汽车驶上了开往镇上的公路。当约翰尼把他刚刚看到怪人的事讲给未婚妻听时，他的未婚妻吓得浑身哆嗦，不过，她还是壮着胆子，朝他们刚刚驶离的地方看去。当她回过头朝后看去时，简直不敢相信自己的眼睛：只见离他们100～150米远的

地方，一个三角形的物体正在腾空飞离地面，它突然加快速度，转瞬之间便消失在空中。

据约翰尼事后对专家们说，那3个人大概都有1.6米高，他们身体各个部位的比例同我们普通人的比例差不多，不过双臂好像要比一般人的长；他们的身子朝前倾斜，背部僵直，脖颈像是躯体的一个延伸部分；他们都没穿任何衣服，身躯的表面显得异常光滑。

来去匆匆的外星人

至于那个不明飞行物，约翰尼说："从侧面看去，它像是一座小小的金字塔。从它底部到顶部，有好几种颜色，它的底部约有60米长。当它突然加速时，并没看到它一直朝上升，而是像有隐形术似的，转眼之间就无影无踪了。"约翰尼在谈到无线电的干扰情况时说："当我把汽车停下时，汽车的收音机是开着的。但是，当我朝后倒车时，收音机不响了。开上了公路后，收音机又恢复了正常。然而，当不明飞行物腾空起飞时，收音机又一次没声音了。不过，汽车的车灯始终是亮着的。"

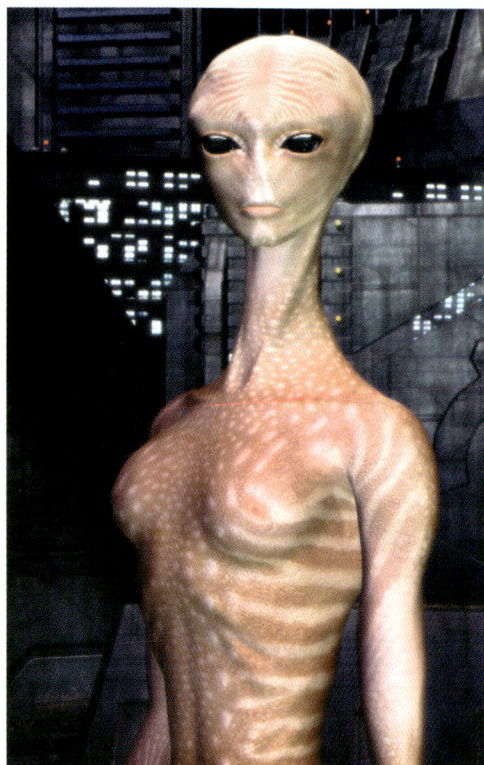

第二天，约翰尼驱车来到现场，却没发现任何着陆的痕迹。约翰尼说，他发现那3个怪人的地方长着一片1米高的荆棘，那里也没有留下任何可疑的痕迹。

外星人留下的带文字的纸张

外星人频频光临地球，有的还给目击者留下了见面礼。

1965年3月2日，在美国布罗克维尔城，一个美国人看到一个直径7米大的外星飞碟物体降落在城郊一块空地上。一个带着透明头盔的外星人从这只飞碟中走出来，并向附近的目击者走去。这个外星人从上衣连裤服的左侧取出一个黑色的盒子，同时又给目击者两片质地极细、上面写着奇形怪状的外星文字的纸。美国专家研究这两张纸后发现，文字中有"火星"两字，其余的就不认识了。

据美国飞碟专家霍尔曼森说，1965年，发现外星人留下的文字中常常提到金星、火星、木星这些星球，于是有人猜测他们来自那里，也可能在那里居住过，那里有他们的基地。

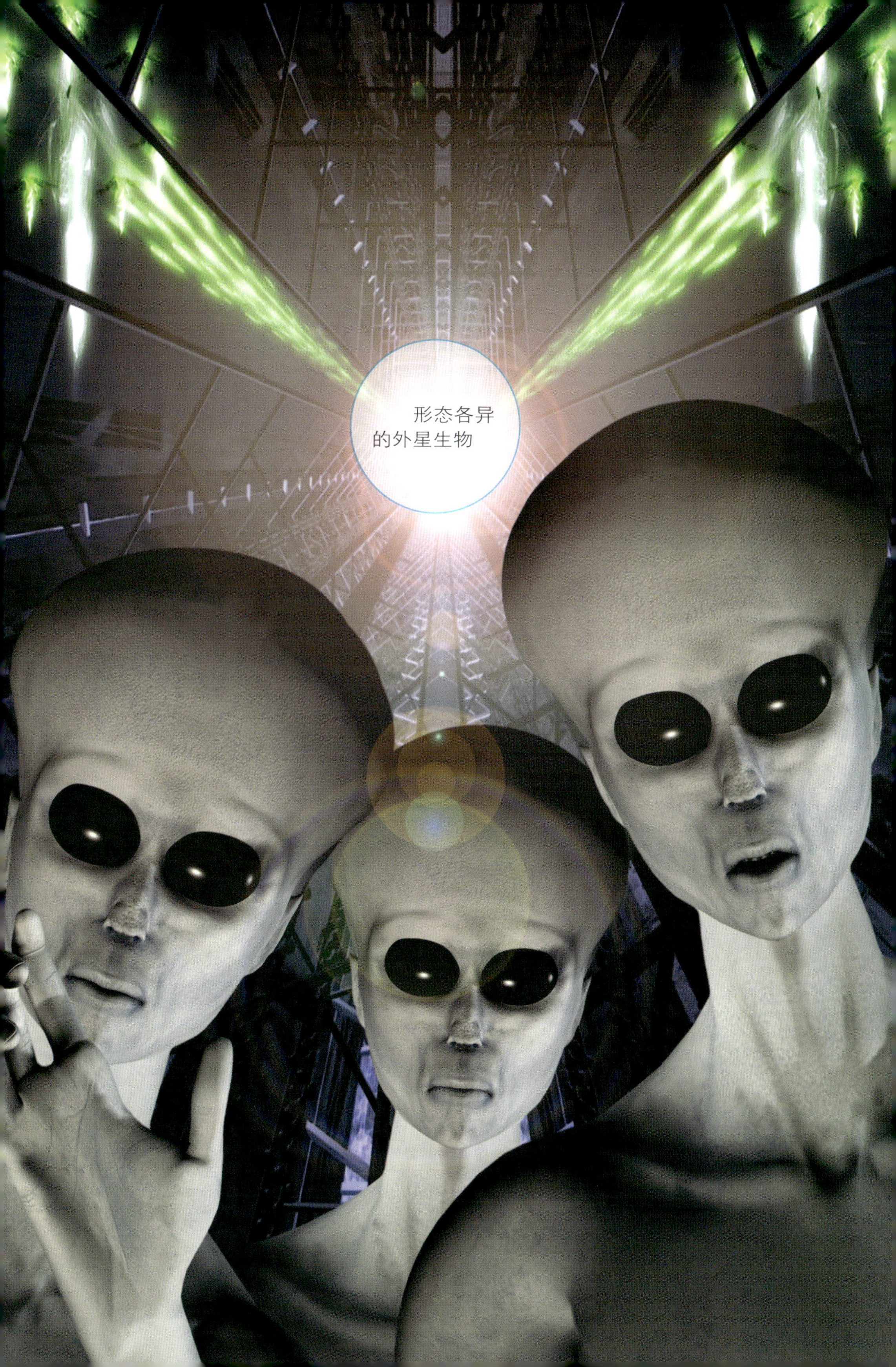

形态各异的外星生物

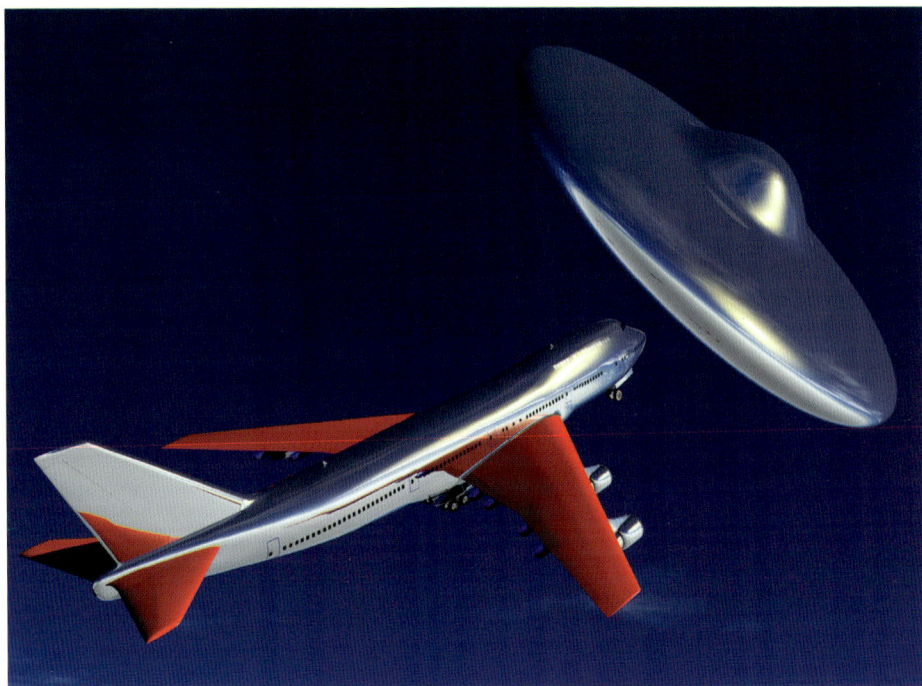

外星人给目击者割肿瘤

1952年7月16日，20岁的美国飞行员弗雷德·里根准备驾机飞行。他的飞机升到8千米的空中时，一艘神秘的飞船与里根的飞机突然相撞，把飞机的尾翼撞得粉碎。他被强大的气浪推出了座舱，就像脱了线的木偶朝地面栽了下去，里根心想这下死定了。

此时，那个将飞机撞毁的神奇的飞船正悬停在他上方，用吸力将他托举在半空中。不一会儿，他就置身于这个不明飞行物之中。这时，一个似乎离外星人的脸部不太远的明亮的蓝光物体移近里根，像是要为他做什么检查似的，一双目光炯炯的眼睛上下左右地打量着里根的全身。

突然，一种声音问他："地球人，你现在感觉如何？我们来自一个遥远的行星，这是一场令人遗憾的事故。我们到这里来的唯一目的是看看你们的文明，从我们这些原始人的角度看看你们的文明。"

被外星人安全送回

此后，这个形似瓶子的外星人告诉里根，他们的检查发现里根的脑子里长着一块肿瘤。对此，里根感到十分震惊，虽然他近来消瘦得厉害，却从来也没往这方面想过，这个诊断使他感到心里很难受。

但那个外星人安慰他说："为了补偿这场空难所造成的损失，我们已经为你治好了病，现在，我们将把你送回去。"

突然，一阵刺耳的声音在座舱响起，弗雷德·里根马上失去了知觉。当他苏醒过来时，发现自己躺在医院的病房里，周围除了有医生、护士之外，还有一些UFO调查人员……对于这起神奇莫测的事件，他根本无法解释，就连他自己都不能相信飞机被摔得粉碎，而没带降落伞的自己却安然无恙，平安无事。

见到了自己的亲人，弗雷德·里根欣喜若狂，他向亲人们讲述了自己难以置信的遭遇。可他讲的事没人相信，不少人说他在胡说八道。从那以后，里根夜里常做噩梦，几个月之后，他得了严重的忧郁症，被送进了亚特兰大精神病院。在他与那个不明飞行物相遇将近10个月后，他病死在医院里。

对于一个有着如此不平凡遭遇的人，医院决定对他的遗体进行解剖。医学专家们发现，里根大脑已被极强烈的射线辐射过。他们还发现，几个月之前，他大脑中的一个肿瘤被人摘除，所用的器械并不是人们通常使用的手术刀，而是一种目前医学上从未见过的新型器械。

想来就快来 █

Wai Xing Ren Bai Hui Qin Shi Huang | 外星人 拜会秦始皇

秦始皇见过外星人的记载

我国有一本名叫作《拾遗记》的古籍，全书共十卷，上边记载了自上古庖牺氏、神农氏直至东晋各代的历史异闻。

其中的第四卷中有一则记载这样写道：

> 有宛渠之民，乘螺舟而至。舟形似螺，沉行海底，而水不浸入，一名"沦波舟"。其中人长十丈，编鸟兽之毛以蔽形。始皇与之语及天地初开之时，了如亲睹。

这些宛渠民能够日游几万里，并掌握着惊人的高效能源，如果用它夜间照明，只需要米粒大的一粒，便能够照亮一间屋子；如果将其丢于小河溪之中，沸腾的水沫能流到几十千米远的地方去。

秦始皇是在与谁交往呢？这位皇帝自己认为：这些人是神人！可是据说神人是长生不老的，而这些"宛渠之民"有过儿童时代，在秦始皇的年代他们知道自己已经老了，这证明他们也同样有着生命的新陈代谢过程，并不是神仙之类。

　　如果这事真的存在，就会使人自然想到，这些人既然不是神，那用外星来客的观点给予解释便是顺理成章了。

　　一群具有高度文明的外星人，很早就来到了地球，并在某些地方设立了基地，称之宛渠国，并对地球进行了详细的观察和研究。

　　这群外星人掌握着对于现代地球人来说也异常发达的科学技术，他们在占地球表面积2／3的海洋中活动，交通工具是被称为"论波舟"的潜水船，这船外形很像海螺，又极像飞碟。

　　这些人眼睛像电光一样明亮，耳朵从颈部上长出，脸上也像孩子一样稚嫩。

　　他们非常注意考察人类世界，人类一有什么新动向，哪怕相隔十万八千里，也要去观察一下。对于蛮荒时代的地球，他们对很多事都好像亲眼见过一样。

　　他们对人类社会的生产活动和重大进步也特别感兴趣，并亲自赶到现场考察。

　　他们对当时我国社会组织结构的变化、生产的重大成果，也都进行了实地的考察。从此我们可以看出，这些都是他们有计划的严密的科学考察活动。

秦始皇见过外星人的考古发现

1994年3月1日，举世闻名的"世界第八大奇迹"——秦始皇兵马俑2号俑坑正式开始挖掘。

在2号俑坑内人们发现了一批青铜剑，长度为0.86米，剑身上共有8个棱面，考古学家用游标卡尺进行测量后发现，这8个棱面的误差不足一根头发丝。已经出土的19把青铜剑，每把剑都是如此。

这批青铜剑内部组织致密，剑身光亮而平滑，刃部的磨纹十分细腻，纹理来去无交错。

这些剑虽然在黄土下面沉睡了2000多年，但出土时依然光亮如新，锋利无比。而且所有的剑上都被镀上了一层10微米厚的铬盐化合物。

清理1号坑的第一过洞时，考古工

作者发现有一把被重达150千克的陶俑压弯了的青铜剑，其弯曲的程度超过45°。

当人们移开陶俑之后，令人惊诧的奇迹出现了——那又窄又薄的青铜剑，竟在一瞬间反弹平直，自然恢复到原来的样子。

当代冶金学家发明的"形态记忆合金"，竟然出现在2000多年前的古代墓葬里，这听起来是不是有些神奇呢？

秦始皇见过外星人吗

谁能想象，20世纪50年代的科学发明，竟然会出现在公元前2000多年以前？又有谁能够想象，秦始皇的士兵手里挥舞的长剑，竟然是现代科学尚未发明的杰作？我们不禁会问：他们的技术渊源是什么呢？

这一切疑问，如果用外星人的帮助来解释就很容易理解了。外星人

光临过地球的传说，古今中外都有。而《拾遗记》中所记载的这件事的独特之处在于：这些外星人与当时称雄一方的秦始皇有过十分友好的接触，并且与他谈古论今，介绍自己来历，甚至还向秦始皇汇报了他们的考察活动呢！由于当时的科学技术比较落后，外星人甚至主动提出帮助秦始皇进行冶炼或打造兵器的一些技术。

另外，更有专家表示，秦始皇之所以能够统一中原，很有可能也和外星人的帮助有密切关系。我国的长城也有可能是外星人让秦始皇修建的，一方面，在名义上是防止匈奴入侵；一方面，在实质上是和埃及的狮身人面像组成"风水布局"。

但还有许多学者对这件事产生怀疑，秦始皇见到的真是外星人吗？如果是，他们怎么进行交流？彼此之间的语言如何才能沟通？《拾遗记》记载的是真事吗？

这些谜题，由于年代的久远，已不可能得到正确的答案了。但是，人类探索太空和外星生命的步伐永远也不会停止。

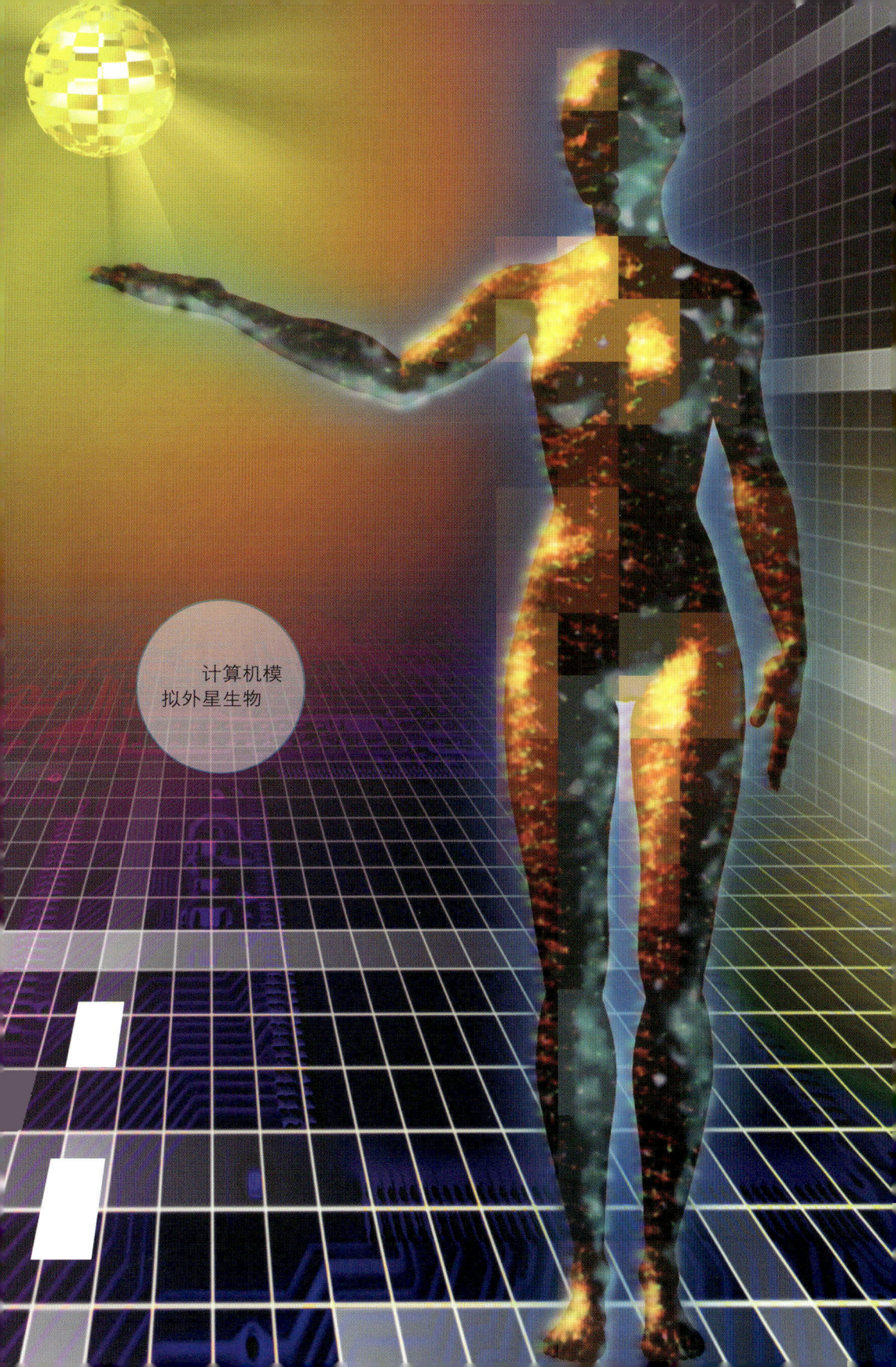
计算机模拟外星生物

苏联的
外星来客

屡屡出现的天外来客

在苏联彼尔姆一带经常会看到一些神秘的黑影。在这一地区，人们经常可以看到一片片大小不一、呈椭圆或圆形的青草变得枯黄，甚至一位老太太还曾经见到过一群穿着黑衣服、身材高大的蒙面巨人。

这一地区的居民们还曾见过各种各样类似碟、香蕉、哑铃、球状的飞行物体，这些飞行物体常改变颜色，并且长时间地围着人群飞来飞去，但只要有人一接近，它们便会无声无息地消失了。

1965年的一天，在距离彼尔姆不远的奥萨市的河滩浴场上降落了一只飞碟，从飞碟中走出几个类似人的家伙，有高的，也有矮的。他们在浴场上好奇地打量着周围的人们，几分钟后，飞

碟就飞离了河滩浴场。过了不久，在距彼尔姆50千米的库什坦附近，许多人又一次看到了飞碟和外星人。他们的身高1～4米不等，在一个夏令营地和河岸周围转了转后便离开了，并没有伤害附近的任何人。

但也发生了具有侵略性的事情：一次，一个小男孩向一名外表半透明的外星人扔了一块石头。这个外星人随即用一种像梳子似的东西向小男孩瞄准，小男孩吓得慌忙跑开，不过他脚下的草却被烧焦了。

另外，彼尔姆州的司机们说，他们常在偏僻的路上遇到类似传说中的弥诺陶罗斯的怪物，就是希腊神话中牛首人身的克里特怪物。

科学考察探究奇怪现象

这些奇怪的现象究竟是怎么回事呢？为了证实和研究，俄罗斯工程技术科学协会联合会奇怪现象委员会组织了一个约有40人参加，以其副主席埃米尔·巴楚林和生物专家、控制论专家弗·舍姆舒克为首的考察队前往

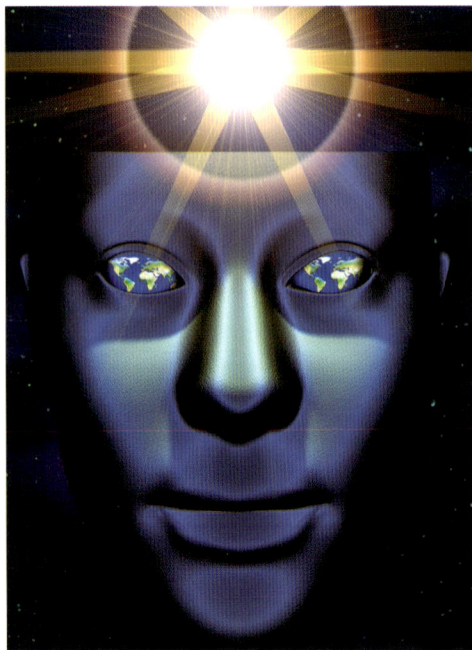

外星人名片

名称：彼尔姆外星人
类型：混合型
身高：1～4米
特征：高矮不一
发现地点：苏联
发现时间：1965年

彼尔姆进行科学考察。考察刚刚开始，令人弄不明白的现象就不断地出现。

考察队员们明显感到这里的环境十分异常，他们有时会一连几个星期都在只有7千米见方的地带转悠而走不出去。白天，他们将两个距离30米的物体做记号了，令人不可思议的是，到了晚上这段距离就变成了原来的两倍。考察队员们准备在夜间拍摄异常现象，大约有20人同时用带闪光灯的照相机拍摄，另有几人用摄影机拍摄。

但奇怪的是，当闪光灯闪过之后，立即有一束反射光反射回来，而且反射光的强度与闪光灯的强度成正比。反射光可以照出一些朦胧的人形侧影，有一次虽然没有反射光，但队员们仍然清楚地看见了一些黑色的"人影"，如此这样照了几张之后，闪光灯就不闪了。

队员们想要继续拍摄时，照相机的快门却怎么也按不动了，而当离开异常现象频繁发生的地带，或者是第二天早晨，闪光灯和照相机又完好如初了，就好像从未坏过一样，但先前拍的几张底片上却是什么也看不见。于是，考察队员们猜想，这可能是外星人所为。

科考队员与外星人

随着时间的流逝，发生的事情也越来越离奇了。有一次，考察队员穆霍尔托夫去河边打水，意外地看见天空有只形如帽子的飞碟，几秒钟后，飞碟就消失了。回到营地，穆霍尔托夫总觉得有人在招呼他，于是他又到河边去了。路上，他觉得有个人正在注视着他，并且与他并行，甚至可以清楚地听见那个人沉重的脚步声，但却看不见。穆霍尔托夫感到有点害怕，赶紧转回头往回跑，可没过多久，却又莫名其妙地想到河边去，但这时他已没有勇气再去了。

夜里3时，穆霍尔托夫又想到河边去，这次他约了4个人一起去。事后，穆霍尔托夫写道："突然，我们感到有一股刺骨的寒风迎面刮来，大家都有这样一种感觉——好像是被一种强大的吸力拖着往前走，两脚根本不听使唤，头痛欲裂。其中一名同伴失去知觉，我们立即对他进行急救，使他恢复了知觉并逃回营地。"

考察队员遇到的真是外星人吗？

Wai Xing Ren
Bai Hui
Mei Guo Zong Tong

外星人拜会
美国总统

美国普努努姆禁区

美国参议院议员、UFO研究会的会长古兰卡丁伯爵在一次发言中透露："美国前总统艾森豪威尔曾访问过俄亥俄州的拉特巴达松空军基地，并会见了外星人。"这件事轰动了整个新闻界。

古兰卡丁伯爵称，美国前总统艾森豪威尔会见过外星人。但在谈及此事之前，还是要先谈谈美国参议院议员比利·哥努多德先生访问拉特巴达松秘密空军基地的事。

哥努多德先生是一位博学多才的议员，他认为，在广袤的宇宙里，生存着很多比地球人类更文明的其他宇宙生物。他在1960年初会见老朋友卡

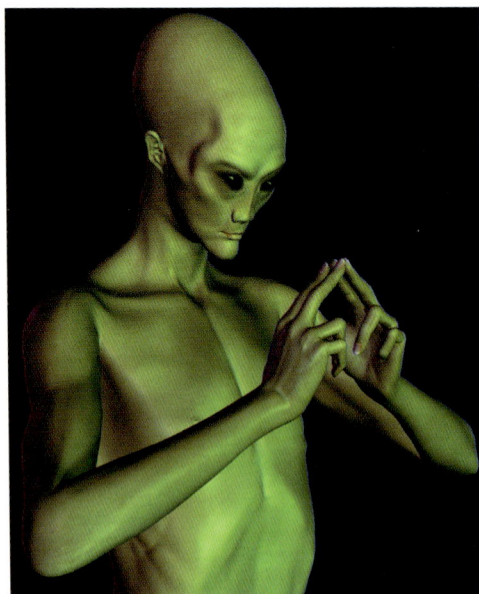

迪斯·努梅伊将军时，曾要求参观普努努姆的秘密禁区。努梅伊将军一听哥努多德先生要参观"普努努姆禁区"就立刻收起笑容，非常严肃地拒绝了，并称那个地方除了特殊人员外其他人根本不能进，即使美国总统也不行，就是努梅伊将军本人也不能进房间一步。

哥努多德知道，美国正在秘密地处理和回收UFO和外星人的尸体。不过，他还推测，在秘密基地里肯定还有惊人的事情，因为他当时已经得到确实情报，知道那里不仅藏着UFO机体和外星人的尸骸，甚至还有活生生的外星人。因此，他萌生了要与外星人会晤交谈的念头。

美国总统与外星人的会晤

从1947～1948年，美国共发生了近20宗UFO坠落事件，几乎所有的UFO残骸及其驾乘人员最终都被运回俄亥俄州第顿的拉特巴达松基地。但是在运往该基地之前，常常是先运到最靠近出事地点的空军基地保管。

1954年12月20日，爱德华空军基地附近发生了一起UFO坠落事件。这件事被艾森豪威尔知道后，亲自到爱德华空军基地去考察。他就像作战演

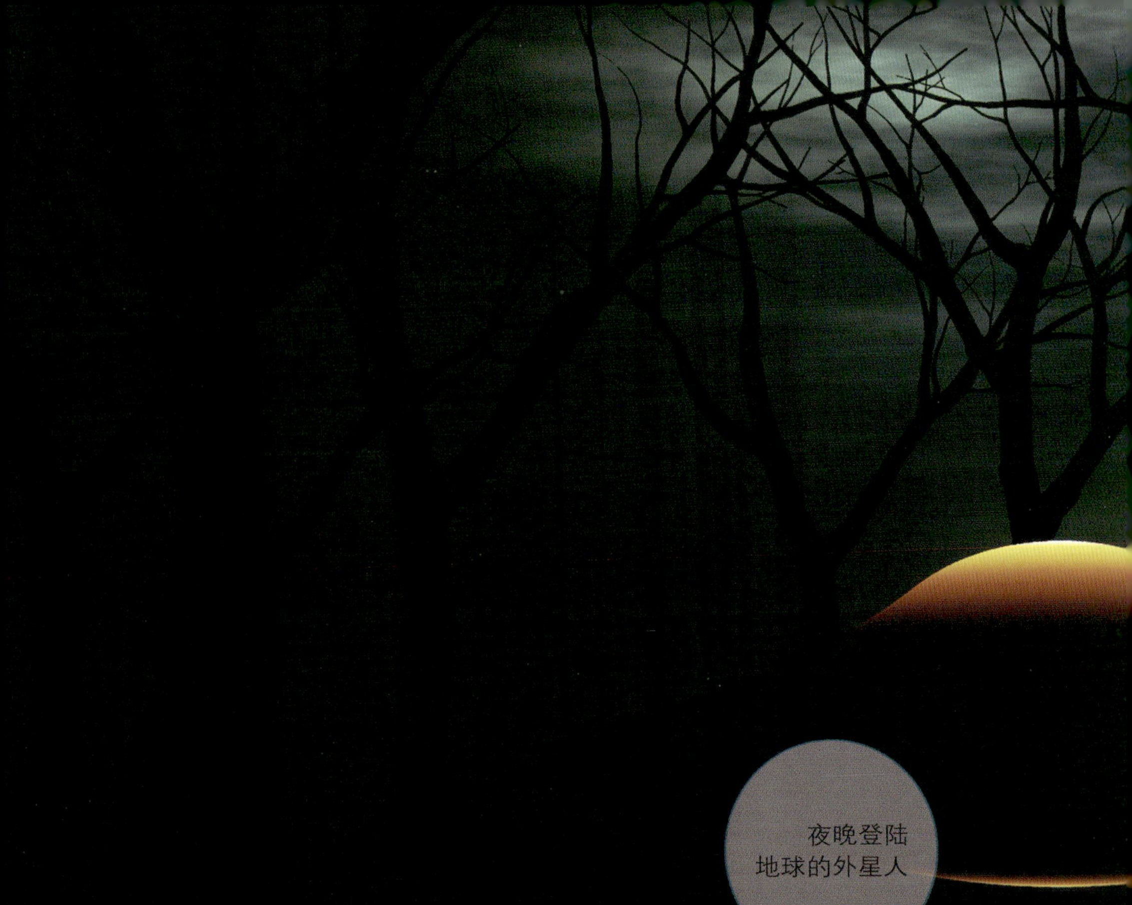

夜晚登陆地球的外星人

习时那样，以度假、访友为名，并于1955年2月20日到了加利福尼亚州，然而艾森豪威尔在那里只停留了一天。

当时，总统在新闻记者的眼皮下突然消失。据说总统是乘坐军用直升机，秘密地到了加利福尼亚州的爱德华空军基地，在第二十七格纳库里会见了外星人；也有人说，当时艾森豪威尔说看到的只是UFO残骸和外星人的尸体。

但是，据古兰卡丁伯爵所掌握的情况，艾森豪威尔似乎是会见了活生生的外星人，当时外星人让总统亲眼看了他们多种多样的超能力量。他们不借助什么机械用具，就能让自己的身体悬浮在空中，用意念及精神的力

量驱使大的物体及UFO之类的东西转动，让人们看到物体瞬间的移动，并用精神感应来进行交谈。艾森豪威尔总统在亲眼看见这些难以置信的奇迹后表示，外星人的超能力远远超过了目前的地球人，如果让大家都知道这些事实，那么在人们当中会出现不可挽救的恐慌。因此下令严格地保守外星人和UFO存在的秘密。

其他目击者的证言

另一位叫金巴利伯爵的人称，当时在场的不仅仅是总统，还有杰纳利斯以及牧师、科学家等从外界慎重选拔出来的少数人士。参加这次会见的当事人不知具体是美国军事情报处的还是谍报机关的，反正是那个计划的

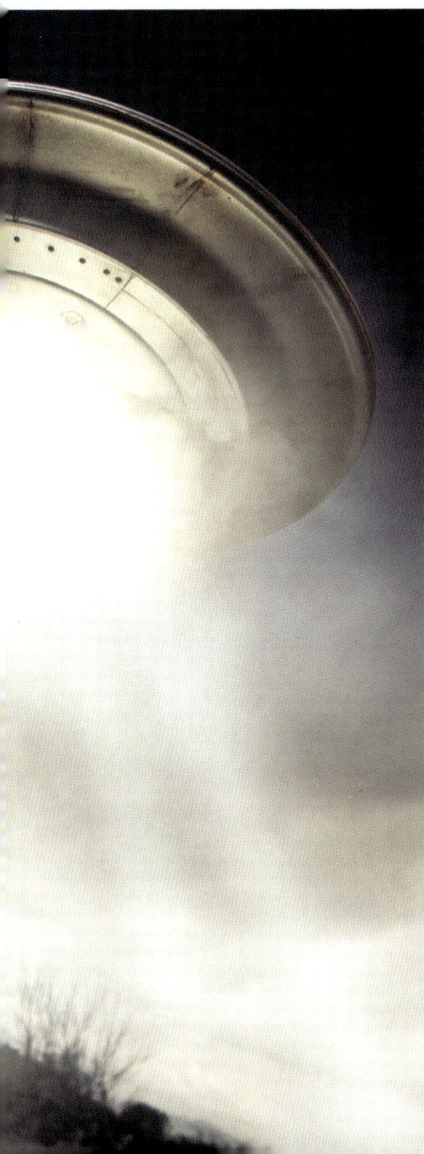

上图：宇航员在太空中遇到外星人

左图：在地球袭击人类的飞碟

制订者，他们若要决定是否应该把事实公开，则要看现任总统及各界人士的反应。

在谈及为什么组织那次会见的当事者要把外星人存在这个事实隐藏起来时，古兰卡丁伯爵说道："这是经过深层次的考虑的。"古兰卡丁伯爵表示，任何一个国家如果能成为第一个掌握UFO自身推进力的秘密，以及第一个掌握外星人所具有的超高技术的话，那么这个国家就可能征服和独霸地球，甚至地球以外的星球。正因为这样，所以就不让其他国家的情报机关知道，甚至也不想让本国公民知道外星人存在的事实。

美国总统关注外星人研究

随着外星人越来越频繁地来地球上考察，许多国家也越来越对外星人感兴趣，他们都秘密设置研究机构，希望能在探索外星人秘密这个看不见硝烟的战争中暗暗争夺外星人。

20世纪70年代，佛罗里达州州长恩斯参加竞选，他随同工作人员及记者十几个正乘飞机飞行时，突然惊呼："看，飞碟！"人们涌向机舱窗口朝外看。迈阿密《信使报》记者曼斯菲尔德等人在空中看见一个橘黄色的火球，起初他以为这个火球是森林起火所引起的，仔细一看，才察觉火球原来是与州长座机处于相同高度的两个发光体，其飞行速度约为460千米/时。州长恩斯命令驾驶员上前追踪，然而这两个发光体突然垂直上升，转眼间消失得无影无踪。

第二天，曼斯菲尔德在报

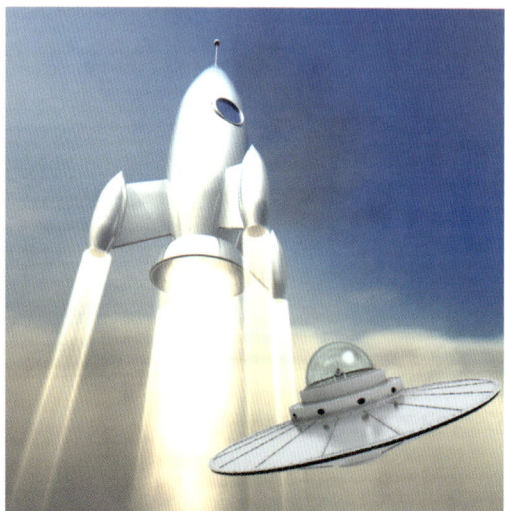

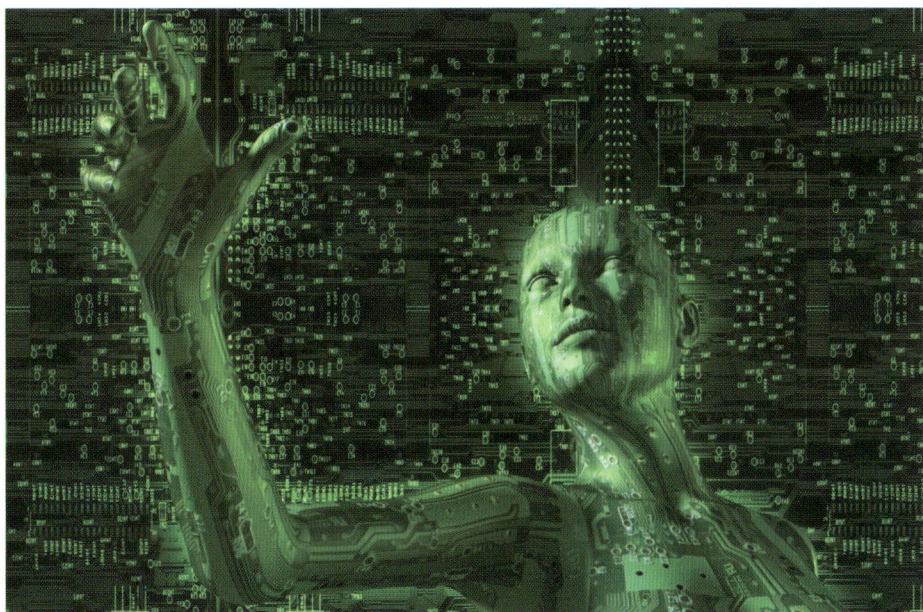

纸上发表了关于此事的报道，当时引起了很大的轰动。一连串的飞碟事件惊动了当时的总统约翰逊，在总统的关注和舆论的压力下，美国中央情报局也开始过问此事。在中央情报局的配合下，空军出资50万美元由科罗拉多大学设立"独立研究项目"对飞碟进行探索。该项目的负责人是著名的康登教授。

苏联研究外星人

同一时期，苏联境内也发现了多起飞碟事件，克格勃对此自然也不会放过。于是，他们便邀请一批科学家组成"宇宙飞行调查常设委员会"，由斯特加洛夫空军少将主管此事。

苏联宇宙飞行调查常设委员会与天文台合作，采用摄影、电子和雷达测量等技术手段对已发现的飞碟资料进行了综合研究。让斯托加洛夫少将感兴趣的是1963年6月8日在苏联发现的一起飞碟事件，宇航员毕考夫斯基正在驾驶飞船飞行时，突然发现一个椭圆形飞碟尾随飞船，飞行片刻后，突然转变方向悠然远去。

除地球外，或许在其他星球上也会有生物存在，或处于原始阶段，或具有高度的智能。这些高智生物不仅关心自身所在的星球，也会飞向太空，探索宇宙奥秘。而地球上各个国家也希望对外星人有更深的了解。

地球人受邀去飞碟做客

与外星人相约湖畔

据说，近年来地球上的生物被抓上飞碟的事件屡有发生，外星人抓他们大多是为了做身体检查，因此，外星人给人以粗暴、残忍、可怕的形象。但是，外星人也经常经过精心挑选，主动邀请一些人登上他们的飞碟，遨游太空。

这些极少数的幸运者被外星人奉为上宾。外星人对这些上宾非常友好。据说哥伦比亚人卡斯蒂略就是世界上少数几个幸运者之一，他曾先后5次应邀登上飞碟做环球旅行。卡斯蒂略第一次在飞碟上做客长达8个半小时，这的确是一段历险记，他的叙述把人们带进了另一个世界。

按照事先的安排，1973年11月3日晚上20时左右，卡斯蒂略来到湖滨约会地点。这一切都是通过一位自称同外星人保持联系的夫人进行安排的，这位夫人早在两个月前，就把外星人提出的赴约时间、地点、条件以及其他一些细节，原原本本地告诉了卡斯蒂略。这天晚上，皓月当空，群星闪烁，湖面微波荡漾，卡斯蒂略在那里等待飞碟和外星人的到来。卡斯蒂略按规定的条件，身着农民装束，走到湖边的一块大石旁，从石后隐秘处取出一个圆球拿在手中，紧张地等待着飞碟的来临，一切都顺利地按照事先的安排进行着。

卡斯蒂略手捧圆球呆呆地望着湖面，时针慢慢地接近事先约定的20时25分。正在这万籁俱寂之时，突然水声大作，从湖底先后飞出两只飞碟。它们发出刺眼的强光，把周围照得通明，整个湖面亮如白昼。

卡斯蒂略觉得异常恐惧，看见那两只飞碟已飞到上空，约在200米高处盘旋，四周的气温随之急剧变化。他手中的圆球开始发热，原来外星人正是通过这只圆球来测定他所在的方位的。过了一会儿，其中一只飞碟悄悄往远处飞去，并熄灭了灯光，而另一只则渐渐飞近卡斯蒂略，并向地面射出几束强光。这时，突然有

外星人名片

名称：哥伦比亚外星人
类型：西欧型
身高：约1.7米
特征：金发碧眼
发现地点：哥伦比亚
发现时间：1973年

两个外星人从飞碟上顺着强光飘下来，登临地面后，他们向卡斯蒂略走来，约在2米处停了下来。其中一人对卡斯蒂略友好地说，他们是善意的朋友，绝不会伤害他，并补充说，他们将把他带上飞碟。卡斯蒂略由于极度恐惧说不出话来，只是点头表示同意。然后，一个外星人把他挟在腋下，并告诉他要把他带到一个陡峭的地方去。

与外星人交谈

卡斯蒂略上了飞碟后接到的第一道命令是叫他把全身衣服脱光，他执拗不过，只得依从。他感到奇怪的是，舱内虽然有光但没有灯，并且看不到一丝影子，他估计光可能是四周墙壁内射出来的。

这时，从一扇门里走出两个外星人，他们首先向卡斯蒂略要回那只圆

上图：太空中的外星飞碟和外星人

左图：飞碟内的精密仪器和显示屏

球。然后，其中一人与卡斯蒂略握手问候，使卡斯蒂略惊奇的是此人竟能叫出他的名字。

这两个外星人身高约有1.7米，和北欧人脸型很像，蓝眼珠大而深邃、眼角下斜、浅黄色的头发垂至双肩，眉目清秀。他们身着紧身衣，衣上有纽扣并且系有腰带，其中一人用标准的西班牙语同他交谈。

这位外星人把卡斯蒂略领进另一间座舱，那里有4个人围坐在一张椭圆形白色透明办公桌的四周。

那4个人讲起话来有些困难，他们的嘴唇几乎一动不动，信息是通过心灵感应，即传心术传递出来的，而卡斯蒂略却通过语言来回答他们提出的问题。他们的对话持续了8个多小时，座舱非常平稳，以致卡斯蒂略竟以为他们谈话时仍在原地没动。

想来就快来 | **097** |

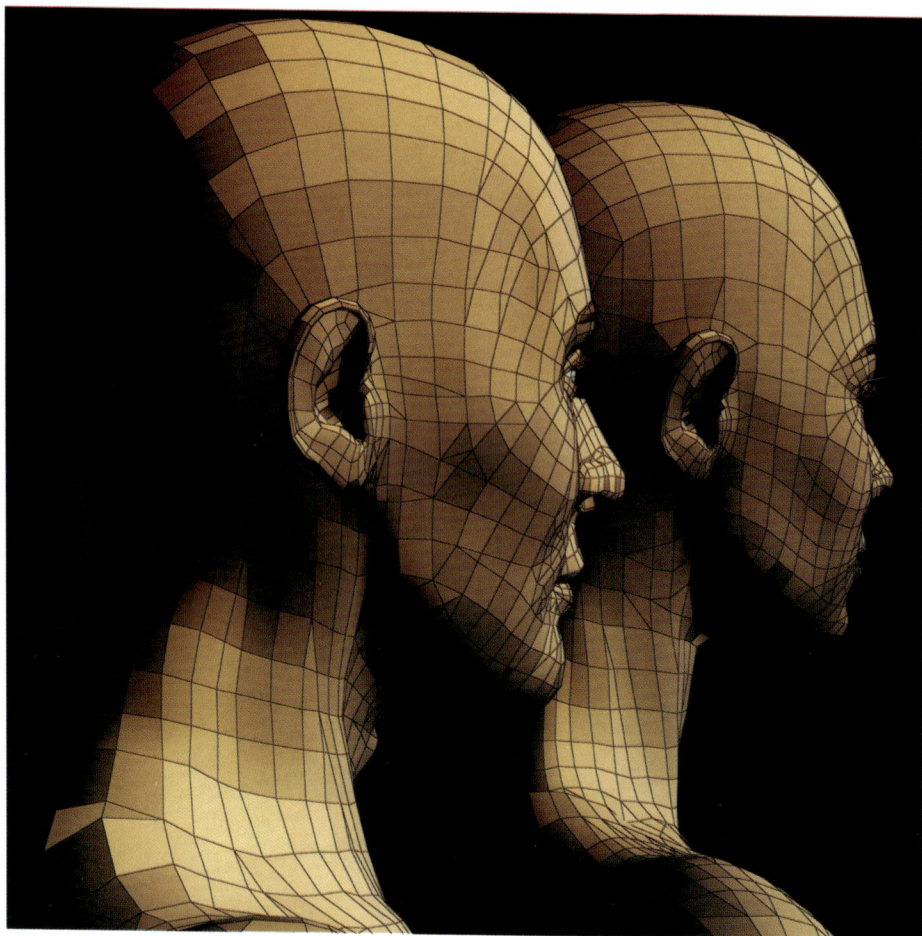

参观外星人飞碟

外星人把卡斯蒂略领到楼上，让他坐在一架形似荧光屏一样的仪器前，他们通过两个键调试屏幕，然后让卡斯蒂略探身去看。卡斯蒂略看到一条巨大的深沟，感到头晕眼花。飞碟人见他有些受不了，于是又重新调了一下，这时卡斯蒂略又惊又喜，差一点叫出声来。

原来，他看到了波哥大，看到了自己所居住的那个地区，看到了他家的那幢小楼，看到了他的几个孩子正在床上恬静地熟睡，还看到了他家那只德国牧羊狗蹲在地上，摇着尾巴，好像在"汪汪"地叫呢！他不知道当时飞碟是在哪个高度上飞行，也不知道地面上的人是否能看到这个飞碟。

在交谈中，卡斯蒂略好奇地问外星人，你们怎能在这么短的时间里走完400多光年的路程来到地球？要知道，根据爱因斯坦的相对论，光速为

30万千米/秒，任何以这个速度或超过这个速度运动的物体，都会自行解体而转化为能量。外星人回答说，必须把相对论再修改3次，才能抓住事物的实质。他们说，爱因斯坦仅仅奠定了一种理论的基础，有一些"星际飞行走廊"，可以缩短星座之间、行星之间的距离。外星人为何如此看重卡斯蒂略，一再邀请他遨游太空呢？也许是卡斯蒂略很早就是一位著名飞碟学者的缘故。

外星人的相貌

亲眼看到过外星人的案例举不胜举，而且人们看到的外星人各有迥异，飞碟专家们经过筛选和验证，从目击案例中总结出了外星人的大致相貌特征。

皮肤：外星人的皮肤大部分是灰色、蓝白、棕色，有的称他们的皮肤柔软，而且富有弹性，也许目击者看到的是穿着很薄并带有颜色的防护衣。

眼睛：外星人的眼睛一般很大，但两眼间距离较宽，有一种疲劳的样子。有的目击案例中目击者表示外星人没有眼珠，也没有眼皮；有的目击者说，眼睛很大，而且是炯炯有神。

嘴巴：外星人的嘴巴有一道裂缝，或很小或完全没有开口，有的目击者说，嘴巴很小，就一个洞，或一条细缝，几乎看不到

遨游在
星际空间的
外星飞碟

嘴唇。

鼻子：外星人的鼻子只有两个小的呼吸孔，并不明显；而有的目击事例中鼻孔则十分清楚。

脖子：外星人几乎没有汗毛和头发。

声音：低哼声，有的从头到胸像电子装置一样，"嗡嗡"作响，不知声音是从哪里发出来的。

身高：一般在0.9～1.5米，有的身高达3米以上，体重150多千克，脑袋硕大，下巴尖而窄。

耳朵：不显眼，没有耳郭。

胳膊：细而长，下垂过膝，手各不相同，有的仅有4个指头，两长两短。有的则像地球人一样有5个指头。少数只有两个指头，像钳子一样，有手指无脚趾。

生殖器官：有部分外星人没有生殖器官，少数只有一条缝，难以判断他们的性别。

外星人的衣着

多数目击者报告指出外星人从头至脚穿戴整齐，这些穿戴不是为了御寒，更不是怕羞，而是用来抵制放射线或防止污染的，也许还有防热的功能。在有些目击事件中，外星人告诉目击者说，他们害怕太阳。

除了个别情况外，外星人的衣服几乎是相同的，是用整块材料制成的上衣连裤服，没有缝制

的痕迹，也没有口袋或纽扣之类的东西。衣服的颜色种类很多，有白色、灰色、红色、蓝色，大部分飞碟乘员衣服的颜色和所乘的飞碟外表的色泽一样。有些外星人衣服上有某种标志或其他附属物，有的肩膀上有金属板，似乎是用来电子通信的。

有的外星人腰带上挂着一个星形饰物、发光的椭圆物或发光的环形物，这类现象很多。有的外星人头上有斗篷，这斗篷跟上衣连裤服连在一起；有的外星人戴着面具，最常见的是戴一顶宇航员那样的头盔。不过，与地球人的头盔不同，这些头盔通常跟背部的一个盒子相通，可能有特殊的用途。有的专家认为，外星人的穿戴不完全一样，但大部分外星人有一种上衣连裤服，全身没有一点空隙，类似地球人的太空服。

外星人可能没有地球人这种无线电通信之类的东西，完全用的是遥感类先进技术。当然，一切有待探索发现。

外星人频繁
光顾意大利

银光闪闪的外星人

1977年被飞碟爱好者们称为"不明飞行物年"，这一年，在意大利境内发现了许多不明的飞行物，还发生了几起近距离的接触事件。

1977年8月31日凌晨，奇鲁洛先生和焦万涅洛先生在沿着公路从斯图尔诺朝弗里真托方向走时，发现公路旁小山岗的灌木丛与树丛之间有一团红光，不远的地方是一片荒废了的采石场。

正当他们俩好奇地朝闪着红光的方向走去时，又发现在红光上方有着一团绿光，而在他们旁边则是两团白光。忽然，他们听到一种有节奏的持

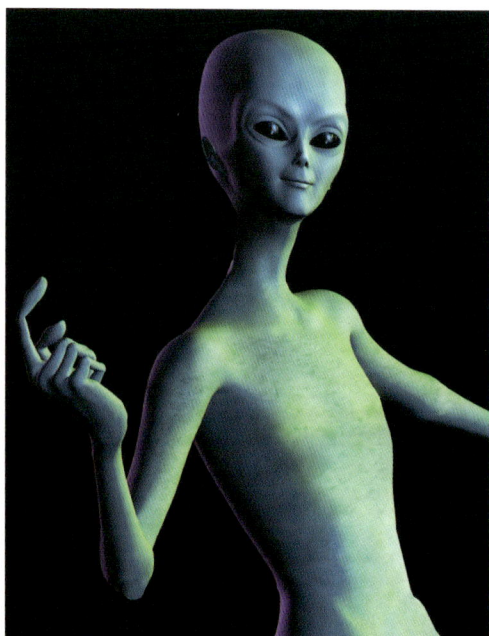

续作响的声音，就像是一台无线电收发报机发出来的声音一样。

当他俩又一次朝前走去时，却发现了一个银光闪闪的人影。原来，那里站着一个穿着套装的人，那银光是这套服装反射的月光，看上去那套服装像是金属制的。那个人站在灌木丛与树丛之间，纹丝不动，不一会儿，他朝着这两名大学生走了两步。两名大学生非常害怕，拔腿就跑，他们一口气跑到附近的一个村庄。

在村子里，他们碰见了帕斯库奇、卡波比安科和丹布罗西奥，他们对此事也十分好奇。于是，他们一同坐上丹布罗西奥开的小汽车，又朝着

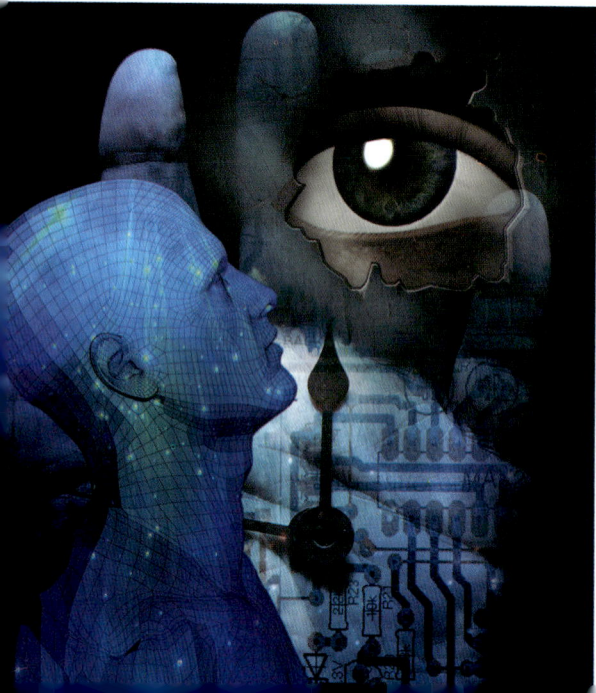

刚才发现怪人的方向驶去。

重探外星人之谜

汽车开到那里时，已经是凌晨1时了。他们停下车，朝山上走去。果然看到了亮光和闪烁的银光以及一动不动站在那里的人影，同时还听到了奇怪的声响。当时，他们都感到害怕，打算坐上汽车赶紧离去，但是强烈的好奇心又使他们镇静下来，回到了原地。

那个人影好像发现了这几个目击者，朝他们走了过来，把他们吓得连忙往后退。可是，那个人影没有再往前走，也退了回去。就这样，来来回回有两三次，足有20分钟的时间。后来，这5个人下了山，坐车返回村子。他们想回去找一个大手电筒来看个究竟。在村子里，他们又碰上了西斯托和列福利。于是他们7人找到大手电筒又一起坐上丹布罗西奥先生的小轿车返回事出地点。当时，手表的指针指在2时上。

他们下了车，没敢朝前走得很远。他们打亮手电筒，朝那个怪人照去。被手电的光束照亮后，怪人转过身，开始冲着他们指手画脚地动起来，两只橙红色的眼睛有节奏地一闪一熄着。与此同时，他们的耳边响起了刚才曾经听到过的断断续续的怪声。他们每个人注视着怪人的手势，

有些手势是示意他们走过来，有些手势是指指月亮，又指指自己，有些手势似乎是试图说明自己来自什么地方。

怪人刚刚做完手势，头顶上就射出一道强烈的白炽光。这道光持续的时间很长，它照亮了四周和7个目击者，他们中的一个惊叫了起来："激光……激光！"随后，他们都急急忙忙地朝汽车方向跑去。跑到汽车前他们才发现，这道白炽光对他们人体毫无损害，尽管他们的双眼被照得有些不舒服。

近距离观测外星人

之后，他们又返回原地，仔细观察着那个怪人各方面的特征。他们估计怪人的身高有2米多，而他放红光的眼睛则离地面大约1.8米，躯体和各个部位都显得很粗壮。他的脑袋长在双肩之上，没有脖颈，上衣连裤服银光闪闪，将他全身裹住，上肢的各个关节都非常灵活，脑袋右侧射出两道橙红色的强烈光束，时亮时熄。有几个目击者还发现他的右臂挂着个黑盒

拥有先进
科学技术的外
星人

Voice conference: recieving
PRIORITY!!

子，他的腰部系着一种金属腰带。

这7个目击者都看到那个怪人有着像手那样的高级触觉器，他身躯的其他肢体一直被树丛遮挡着。当那个怪人向后退去时，他的膝盖似乎并没有弯曲，而是相当平稳而又僵硬地移动，他的背从来没有朝向过目击者，而当这几位目击者惶恐不安地朝汽车跑去时，那怪人就向后退缩。

当时，目击者听到了沉重的滚动声和其他异乎寻常的声响，他们都猜想山冈上一定还有什么人在走动，他们都很想能看到那些人。

当天凌晨3时15分时，这些目击者返回村子，想再找一些人来同他们一同来观察。但令人遗憾的是，他们在村子里没有碰上任何人，只得又返回采石场。当他们到达那里时已是凌晨3时30分了，那个怪人已经离开了现场。

为了证明目击者讲述的真实性，意大利调查人员对几个目击者进行了催眠术，而催眠的结果与他们所说的几乎完全一致。调查人员认为这几个人是可信的，没有信口开河的可能。但那怪人走路时膝关节不弯曲，因此人们怀疑这个怪人可能是机器人，而不是外星人。

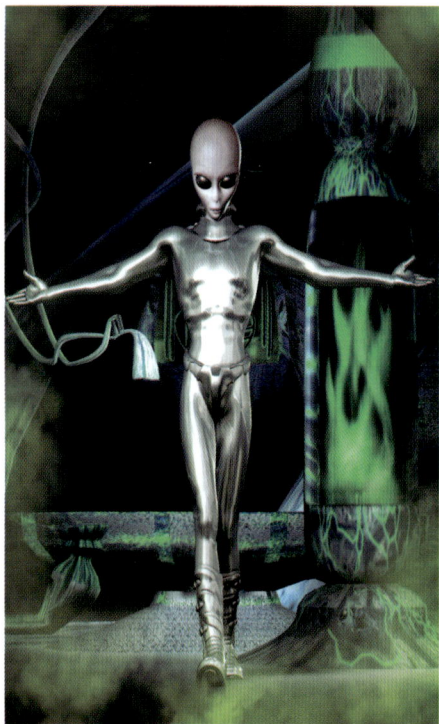

外星人对地球人并无恶意

地球在茫茫宇宙中就像沙粒一般渺小，但这样一个小的球体竟能引起UFO如此浓厚的兴趣，世界飞碟专家们在纳闷之余，对此提出了种种推测和假设。

美国著名飞碟专家基荷少校认为，UFO的出现并不是凶兆，他列举美国军界负责人提供的理由说，UFO监视地球，不会向地球人发动进攻，原因如下：

UFO对地球进行过广泛的监视，并未公开表示过恶意，这说明天外来客有一个更为庞大的计划，他们需要同地球人友好接触，但在此之前，必须要有一个较长的适应阶段。

地球周围出现的UFO数量不多，尚不足以大举入侵地球，大部分UFO仅仅是观测飞行器，它们的航速很容易甩开追捕它们的喷气式飞机。

地球人并非赤手空拳，我们有为数众多的导弹，可以追击高空的宇宙飞船。大量实例证明，UFO努力避免同地球人发生冲突，个别伤人事件应

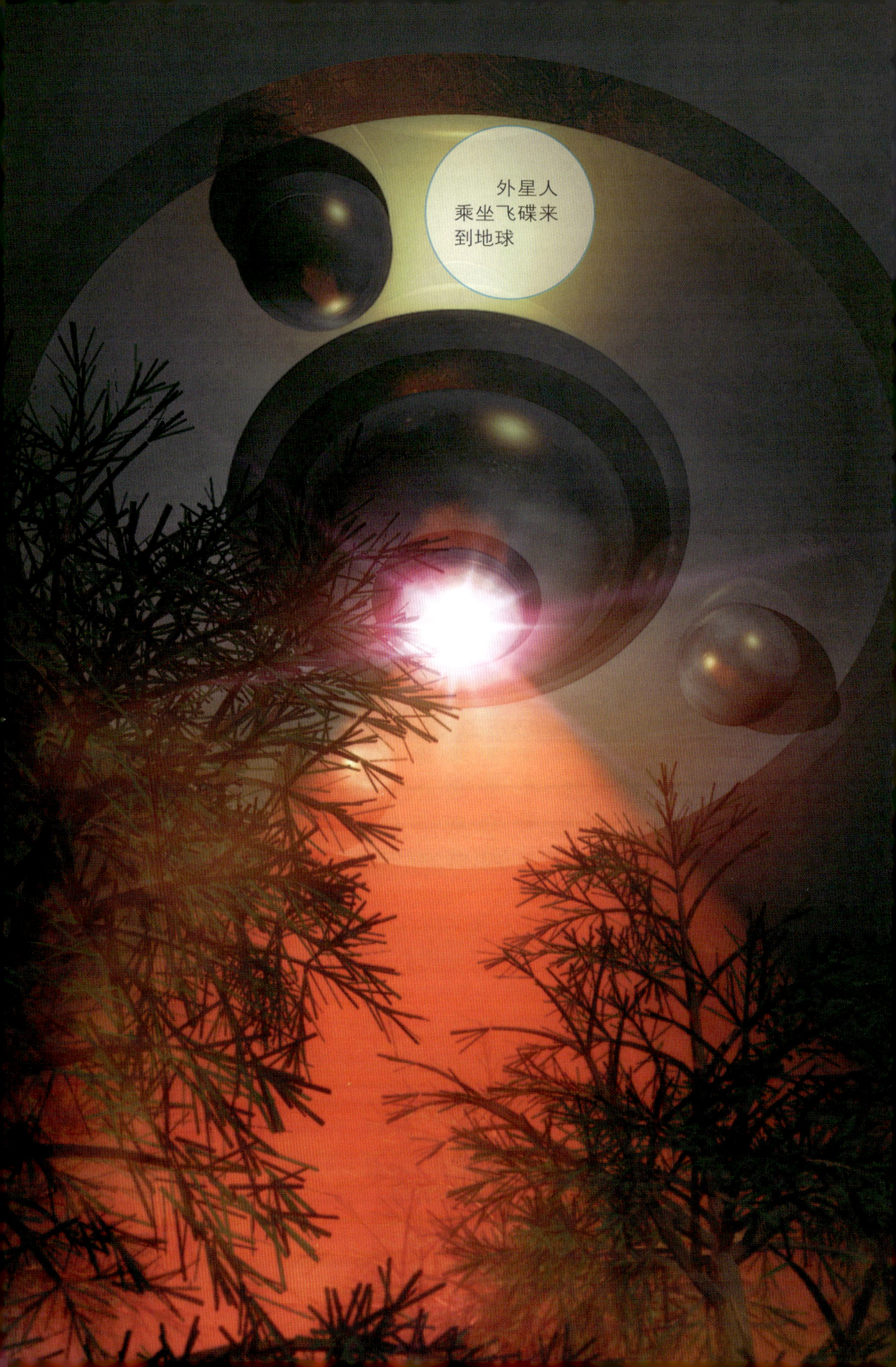

外星人乘坐飞碟来到地球

当被看作是意外的事故。

外星人对地球人的三种态度

如果外星人真的存在，那么可以想象这些智慧生物对我们可能持三种态度，我们也可以相应地确定对他们采取什么态度，并且决定回不回答他们的来电。

第一种是抱有关心，相互可以理解的态度。换句话说，外星人关心我们，对我们有好感，这是最理想不过的。外星人可以向我们提供相当尖端、先进的科学、技术以及其他各类情报，提醒我们不要走弯路。例如，让我们注意将来的某种科学的发展方向，千万不要做导致恶化环境、灭绝人类的事情。不过，虽然这种态度十分理想，但也有一定的局限性。

第二种态度是外星人理解我们，但不表示关心。换句话说，他们对我们怀有好意，却不帮助我们什么，尽管这种态度令人不快，但可能性却很大。

试想下，如果外星人的文明远远超过了我们地球人几千年或者更长的时间，恐怕他们将会用怀疑的目光观察我们，就像我们以同样目光看蚂蚁是否有智能一样。

第三种态度是表示关心，但不理解我们的心情。也就是说，他们之所以对我们感兴趣，只不过是出于实用的观点，比如，想尝尝地球上的美味佳肴。当然，还有一种也就是既不感兴趣又不理解的态度。不过这种可能性很小，因为果真是这样的话，几千年来的飞碟、外星人就不会频频光临地球。

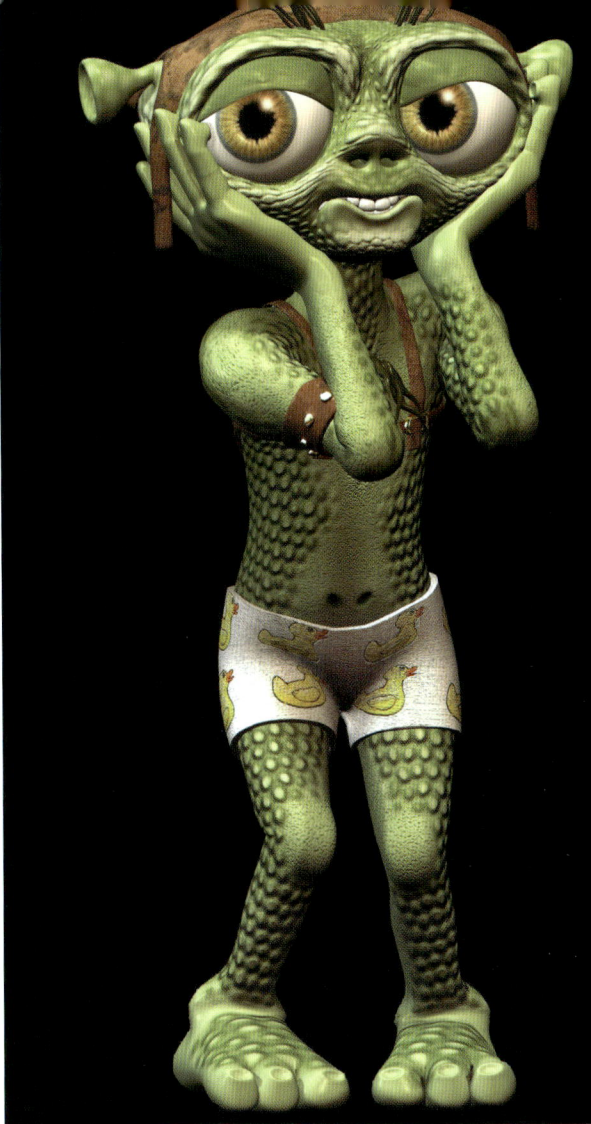

外星人给
地球人做检查

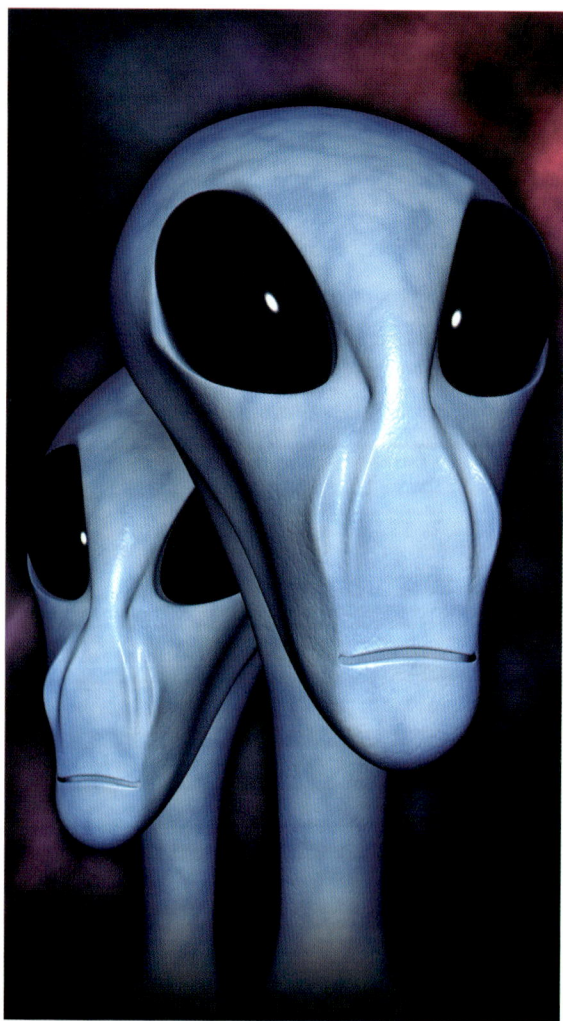

奇怪的红雾

1979年11月25日，37岁的布纳特先生驾车从拉舒特小城回家，路途只需3刻钟。而他却走了2个小时25分。其中另一段时间干了些什么呢？

事后，布纳特先生接受了加拿大UFO专家弗郎索瓦·鲍博的调查。布纳特先生在第一次见面时称，他在半路上感觉到一个奇异的声音敲击着他的神经。在离他家只有几千米远的一个拐弯处，他感到自己的汽车被一些外星人抬起。

布纳特之所以相信这点，是因为近一年来他经常做怪梦梦见自己躺在一张桌子上，接受外星人的检查。他也曾梦见一个巨大的飞碟载着他的汽车飞向一个从未见过的世界。汽车被抬起后，布纳特先生看见在他的右边有一个明亮的物体，上边有红、绿、蓝光点，准备在拐角处拦住他的去路。不久他就进了封锁道路的红雾之中，几乎同时冲了出来，撞在一块路牌上。

之后，布纳特先生下车察看四周的情况，检查了撞坏的车前身，问题并不严重，可以继续赶路。他希望尽快离开这个令人恐怖的地方，又行了至多5分钟便回到家中。然而布纳特先生极其吃惊地发现，家里的时钟已是5时45分了。这是不可思议的，因为离开拉舒特是3时30分，最晚在4时15分就应该到家。其余那段时间他干了些什么呢？

丧失的记忆

为了解开这个谜，弗郎索瓦·鲍博请催眠专家给布纳特先生进行数次催眠术。魁北克两位著名催眠术专家伊万和伊冯兄弟俩出色地进行了这次催眠。催眠术的结果令人们大吃一惊——布纳特先生当时奔驰在105号公路上。突然，车子上方出现了一个东西，他大声对那个东西里的人喊道："让我过去！"

这时，他听到一个刺耳的声音。当进入公路上的雾障时车子被劫。

布纳特先生说："我进了一个飞行器里，我的汽车也在里面。我走进一个大厅，两个像人一样的动物对我十分友好。我们用心灵感应交谈，谈得很融洽……他们叫我躺在一张桌子上。他们很和蔼，我却有点害怕。那是一男一女，他们的肩比我们宽，脑袋比我们

外星人名片

名称：加拿大外星人
类型：矮人型
特征：头大、肩宽
发现地点：加拿大
发现时间：1979年

外星人
劫持地球人

的大，眼睛也很大，鼻子扁平，皮肤粗糙，呈灰绿色，他们把一些东西放在我身上进行测试，了解地球人体的结构。里边有好多仪器和表盘，每台仪器有一根线同放在我身上某个探测器联在一起。女的长得比男的秀气，但他们不像我们这么漂亮。他们很温和，不过他们想从我们这里搞一些情报，而不给任何东西……"

他在催眠状态下继续说："我还有几句话要跟他们讲，我再也不愿意跟他们在一起，让我们这个世界安静些！我要走了，野蛮的人！你们真无理，这样待我太不应该了！你们不应戏弄我们这个世界，他们道了歉，他们态度和善，也许是我多心。我要回家，让我走！"

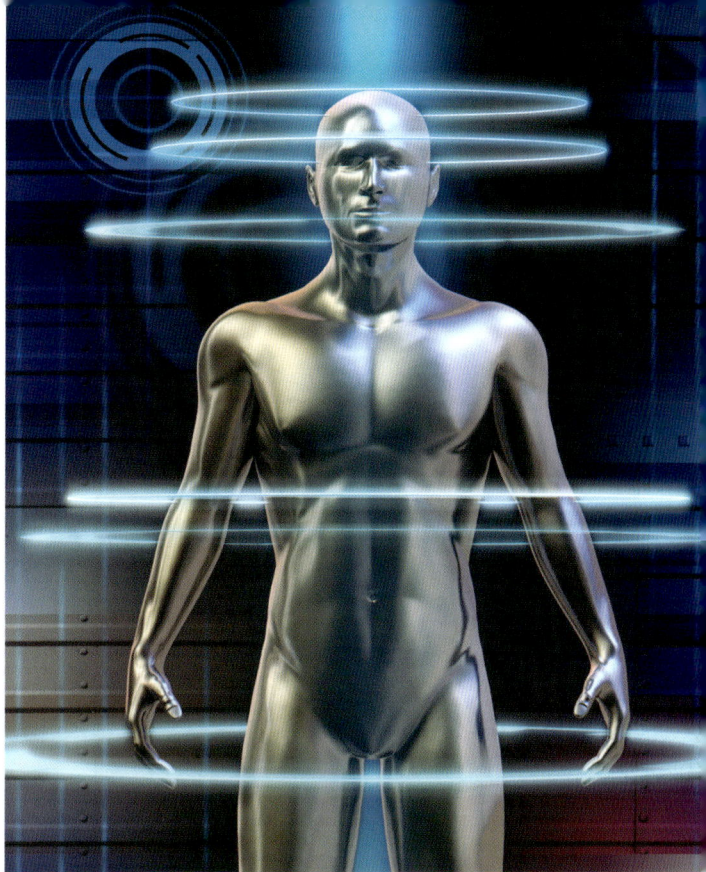

濒临死亡的莱伊斯小姐

在里约热内卢还流传着一段外星人拯救地球人的故事。

据了解，里约热内卢一个老板洛佩兹的女儿莱伊斯得了胃癌，她十分痛苦，四处求医，但医生们都说她没希望了。

1957年8月，老板洛佩兹领着全家人到了佩特罗利斯附近的小农庄里，希望莱伊斯小姐在乡间的新鲜空气中会好些。可是日子一天天地过去，莱伊斯小姐病情仍无好转，她甚至连饭都不能吃了，痛苦难忍。

10月25日夜里，莱伊斯小姐病痛极其剧烈，似乎生命要走到尽头了。请来的医生也都束手无策，这个老板躲在一个角落失声痛哭。

突然，一道强光从窗户外射进来，照亮了房屋的右侧，莱伊斯小姐的卧室顿时像被一个光柱照亮似的。老板的儿子胡林奥率先跑到窗口，他说看见了一个圆盘形物体，这个物体上部被一层淡红夹黄的灯光包围着。随即，圆盘飞行物上的一个自动活门打开了，从里面走出两个矮人，他们朝

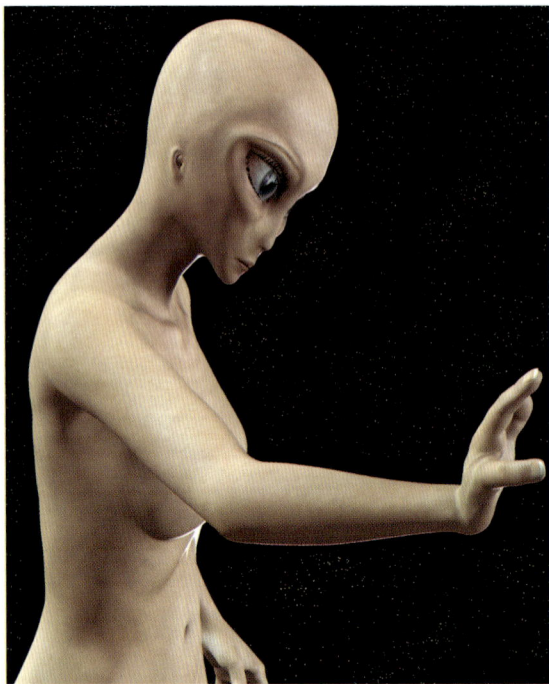

莱伊斯小姐所在的房子走来。当时天色很黑，透过飞行物开着的自动活门，可以看到圆盘形物体里边有一个微弱的淡绿色光，好像夜总会里常见的那种光。

突然出现的外星人

那两个矮人走进了老板家住的屋子，他们的个子矮小，大约1.2米高，比老板10岁的小儿子还要矮。他们的长头发一直披到肩上，呈深棕色；他们的眼睛又细又长，可是眼球是鲜艳的绿色；他们的衣服为白色，看上去很厚，胸部、背部和腕部发着奇异的亮光；他们手上戴着手套的，好像拿着什么东西。他们一直走到正在痛苦中莱伊斯小姐的床边才停下。

莱伊斯小姐睁大了眼睛，对身边的一切感到莫名其妙。这时他们谁也不敢动，谁也不说话，大家都等待着可怕的结局。

在场的有莱伊斯小姐、洛佩兹先生及其妻子、老板的两个儿子。进来的两个人默默地注视了大家一阵，然后在莱伊斯小姐床前停下，把手里的东西放在床上，向洛佩兹先生做了个手势，其中一位把一只手放在洛佩兹先生的额头。

据后来洛佩兹先生称，这两个人的手放在他脑袋上后，自己想的东西就直接传递给了这两个人了，他立即明白，这可能是心灵感应。洛佩兹通过心灵感应，一五一十地向这两个外星人介绍了莱伊斯小姐的病情。

神秘外星人施救

两位矮人开始用一种淡蓝色的白光照射在莱伊斯小姐的肚里，这种光可以透过肚皮，在场的人们都十分清楚地看见了莱伊斯小姐的全部内脏。他们手里还有一个仪器在"嘎嘎"作响，他们用仪器对准小姐的胃，看到了胃里的肿瘤，这个动作持续了半个小时，小姐安静地入睡了。这时他们才走出了屋子。但在离开屋子之前他们通过心灵感应告诉洛佩兹先生，他应该让小姐服用一个月药。

然后，他们给了洛佩兹先生一个空心钢球，里面有30片白色药片，并告诉洛佩兹先生，这些药片每天服用1片，她女儿的病就会痊愈。 1957年12月，莱伊斯小姐回到她原来的医生那里检查，经医生过检查后发现，她胃里的癌细胞不见了！

各国发现的外星人

千人目击的不明飞行物

1980年6月14～15日，在从午夜时分起的40分钟里，一个巨大的太空飞行器飞行了900千米的距离。这个飞行器在距离莫斯科西北150千米的加里守市出现，向南飞往梁赞，然后转而向西飞往高尔基市，最后在荒无人烟的草原消失了。

据众多的目击者所说都是同一物体，那是一个橘红色的犹如月亮一样的圆形发光物，后面拖着一条光亮的尾巴——飞碟。飞碟在空中忽而停下不动，忽而改变速度和高度，并且能放出小的物体。这些散落在夜空的小物体不停地旋转着，它们便是探测器，有的还有人在驾驶。

根据对目击者提供的材料进行初步研究，看到过这一飞行物的人数超过1000人。研究小组的科学家们认为，这个空间飞行物中心部分的直径大约在

93米，飞行速度达115千米/时。它尾巴释放出一种气体，因而使整个飞行物像一艘长形飞艇。

不明飞行物中的"小人儿"

苏联军队中校奥列格·卡尔亚京是这一事件的目击者，当天大约零点一刻，他发现一个直径有360米的飞行物在他住所附近30米处飘动，当他企图靠近它时，却似乎被一种无名的力量所阻挠。不一会儿，那个物体悄悄地落到地上，然后又飞起来，接着便加速消失在夜色中了。

奥列格·卡尔亚京中校再也没有看到什么，然而他的邻居却从另一个角度观察到了那个飞行器。他说他通过透明飞行器上半部看到飞行器里有很多穿着宇航服的人的身影，那些人看起来比正常的人小了很多。

居住在谢尔塔诺沃郊区的莫斯科电视台节目负责人之一亚列山大·库

列什科夫和他的妻子也观察到了这一现象。据库列什科夫说，他半夜时分被楼外一种刺耳的噪音惊醒，向窗外一看，发现有一个像冷藏车一样的东西，但比冷藏车要大。在冷藏车旁边，好像有一个人影在晃动，那个人小得出奇。

第二天早晨，他的妻子讲述了相似的情节，所不同的是，她是被耀眼的光线惊醒的。当时，她虽闭着眼睛，但仍感到了刺眼的强光。她同样也听到了响声。当时她害怕极了，把头缩进被子里，同时感到两臂发烫。当一切过去之后，在她的手臂上布满了红斑，但第二天清晨臂上的红斑便又消失了。

另外，在北极附近靠近叶尼塞河口上空也出现不明飞行物的情况。苏联的空军上尉弗

外星人名片

名称：**谢尔塔诺沃外星人**
类型：**矮人型**
特征：**身材矮小**
发现地点：**苏联**
发现时间：**1980年**

拉基米尔·杜布特索夫在巡逻时发现了一个巨大的太空船，它的体积和6月14日出现在莫斯科上空的那个飞行物差不多。

这位上尉几次企图尾随观察它，并希望能够和飞行物中的外星人取得联系，然而在他靠近飞行器后，这架军用飞机上的仪器仪表却失灵了。于是飞机开始摇晃并几乎坠落，直至不明飞行物消失后才恢复正常。

电磁波干扰武器

地球上所有的生物为了生存都有他们各自的自卫方法。地球人还制造出许多先进武器，来保卫自己的领土和民族的生命财产安全。

那么，外星人也有自卫武器吗？我们还是从发生在地球上的许许多多极其相似的事件案例中选出一些有代表性的实例分析探讨之后，再得出结论吧！

1954年7月1日中午，美国格里菲斯空军基地的雷达测到了基地附近空域有一个不明飞行物。

于是，该基地下令让一架星火式喷气战斗机紧急起飞，战斗机在基地的指挥下，很快便发现了一个发光的碟形不明飞行物。然而，当这架战斗机向其所发现的目标靠近，正在瞄准这个不明飞行物时，战斗机的座舱突

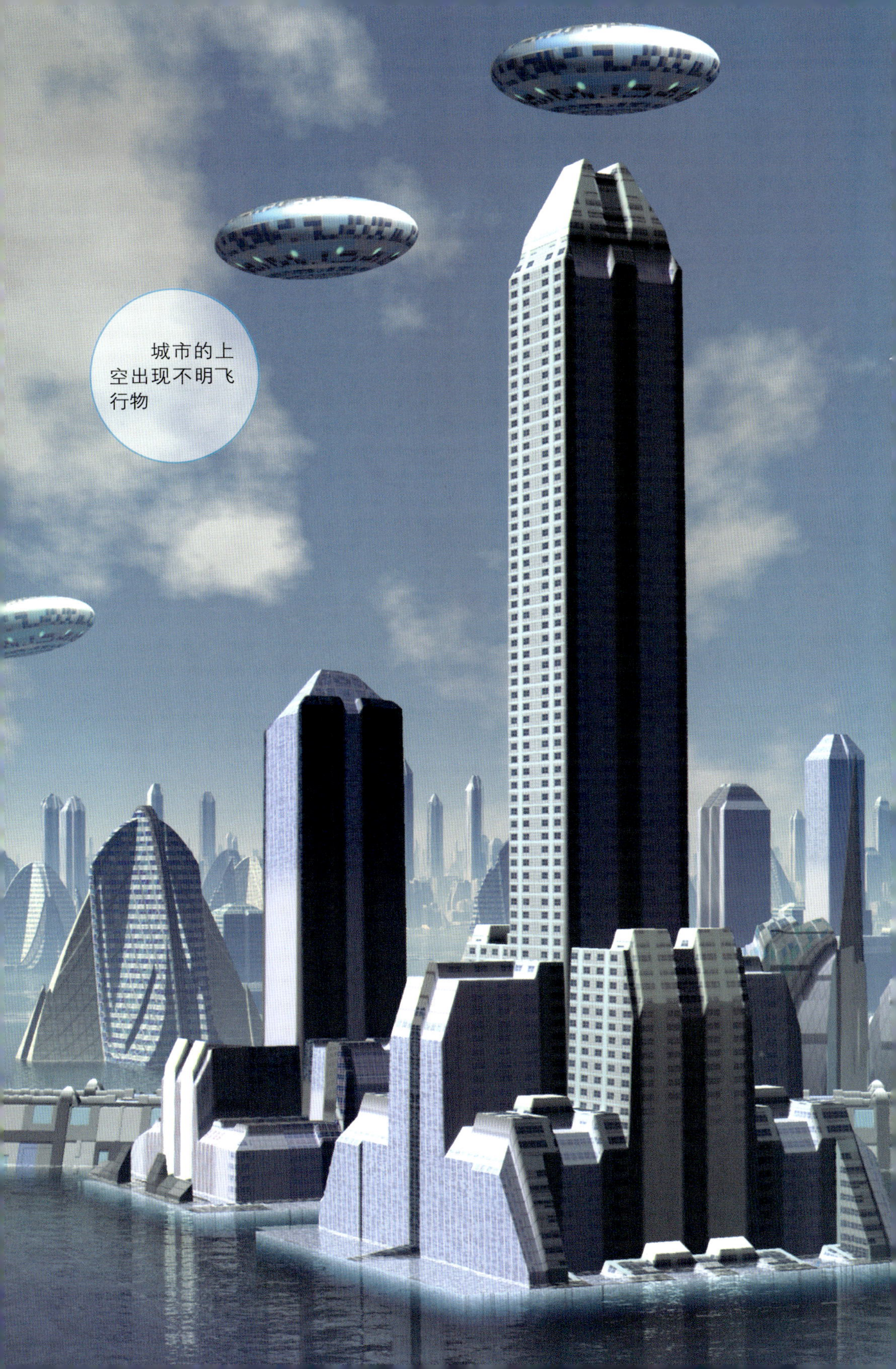

城市的上空出现不明飞行物

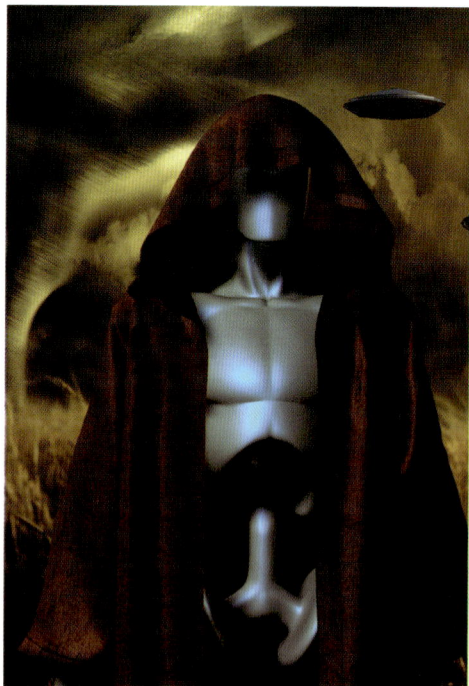

然热得像火炉，于是驾驶员在难以忍受的情况下抛机跳伞。

1958年的一天，一架美国军用运输机从美国夏威夷飞往日本。在漆黑的夜里，飞机飞行的空域附近突然出现了一道刺眼的强光。这时，该机雷达也测到了飞行物体的形象。

机长命令，向不明飞行物体发射一枚火箭。这时，不明飞行物也立即发射出了一道奇异的红色光，火箭失去作用，随即不明飞行物便迅速飞出雷达所能测定的范围以外。

1982年6月18日21时55分，我国空军高速歼击机从华北某机场起飞，经土牧尔台向某地做夜航飞行时，沿电罗盘指示方向发现了不明飞行物。

这时，在地面指挥塔台前方的山脊上发现了一片钟状罩形的怪云，而此时夜航机的无线电突然失灵了，电罗盘也失灵了，夜航机受到严重的干扰。

不为人类理解的武器

1975年2月14日13时，一位名叫安托万的先生在雷于尼翁的珀蒂岛上游玩，忽然被一束强烈的闪光击倒，这束光是从该岛上空的不明飞行物上所发射出来的。当时安托万先生就昏迷了，随即被身旁的人们送到医院治疗，在经过3天昏迷后，安托万

先生才苏醒过来。事后，安托万先生在一段时间内，身体极其疲乏、虚脱，甚至有时候失去了说话能力。

1959年9月25日，美国一架四引擎埃雷克特拉式524号班机正在飞往纽约，在飞到得克萨斯州布法罗空域时，空中突然燃起一团烈火，紧接着一声巨响，飞机被炸成碎片，飞机碎片下雨似的从5千米高空纷纷落下。据有关各方事后调查，认为这次大事故的发生完全是由于一种巨大的发自外部的能量把它击毁的。

1989年10月12日，有一架来历不明的喷气式客机降落在巴西阿雷格里港西面的一个机场。当机场工作人员打开机舱之后，全都不由得惊呆了：驾驶舱内，紧握着操纵杆的竟是一具人的骨骸！再看机舱内其他92人，也个个化成了白骨。据该机的飞行记录仪记载显示，该机是圣地亚哥航空公司的513号航班。1954年9月4日从西德的亚深起飞后，飞临大西洋上空时，突然与地面失去了联系便无踪影了。谁能料到，过了35年，这架飞机又神奇地飞抵了目的地。

突然起火的电器

2007年，意大利西西里岛的坎尼托·卡罗尼亚村以一份"外星人的杰作"的政府报告成了世人关注的中心。据了解，该村很多居民家中每天都

会发生一些无法解释的怪事：他们的电冰箱、电视机、手机或家具总是会无缘无故地起火燃烧，哪怕那些没接上电源的电器也一样遭到燃烧。意大利政府对这一系列怪火事件展开调查。日前，一份调查报告不慎曝光，这份政府报告竟宣称这些神秘的火灾是"外星人的杰作"。这一调查报告曝光后，在意大利引起了轩然大波。

当然，这样的案例还有许多，我们不可能全部列举出来。通过对这些案例的分析，我们可以得出这样的结论：外星人是有自卫武器的。

外星人的武器能使我们人类的导弹和火箭失灵，使飞机粉碎性解体，使无线电产生巨大干扰，使发动机不起作用，吸走动物或人，烧伤人类的身体并使人的精神暂时性失常等。这些都是外星人的武器在起作用吗？外星人的电磁波可以直接作用于地球人的飞机吗？这些只是推测，事实究竟如何，还有待于科学家们去深入研究。

飞行在沙漠上空的草帽状飞碟

| # 外星人多次
访问美国

外星人演员

由于美国掌握着世界上最先进的宇航技术，拥有最先进的核武器和现代化军事设施，因此，据说飞碟光临美国和外星人公开跟美国人接触的事例，总是多于世界上其他国家。

据说，1982年，好莱坞著名导演史蒂芬宁格为拍摄一部反映太空战争的影片，公开招聘特技演员，结果一位外星人应试受聘。

这位应聘者在摄影棚按下自带的"微型传真机"键盘，刹那间出现了奇特景色：在漆黑的布景上，宇宙空间点点繁星，一艘从未见过的巨型外星飞船迎面飞来，越来越近。

船内外星人的面孔是绿色的，口腔很大，牙特别多，面部皱褶不停地蠕动，体内流动的液体隐隐可见，双眼毫无表情，鼓鼓突出，和人们想象中的外星人十分相似。

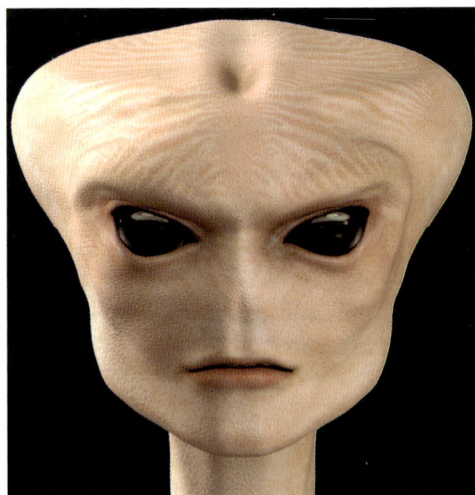

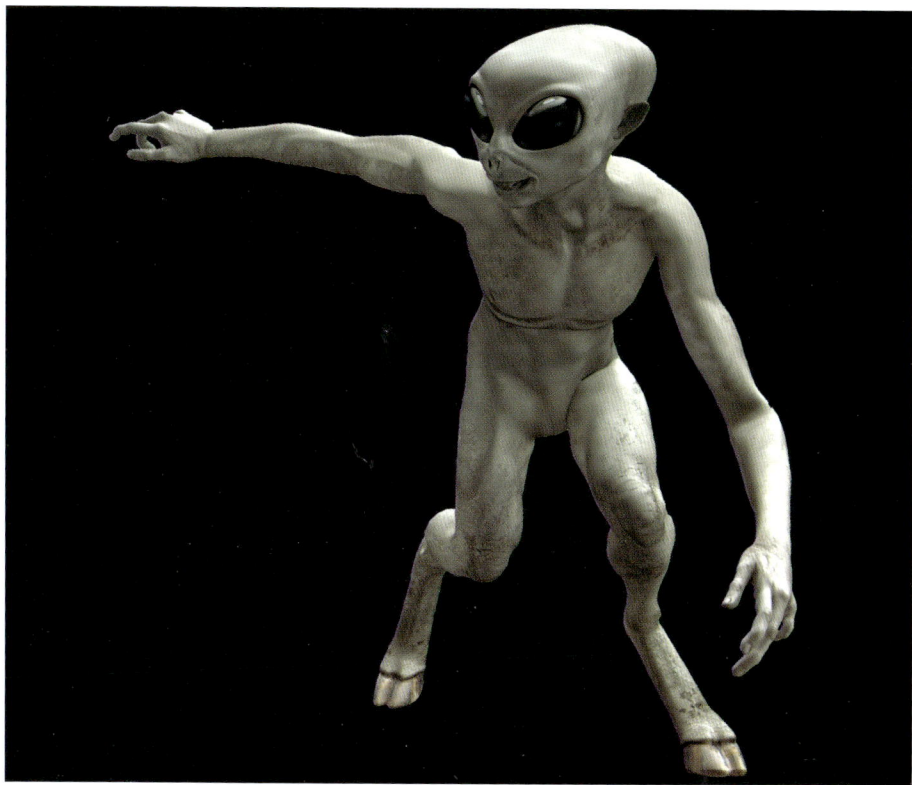

　　导演非常高兴，觉得逼真极了，立即与他签订了合同。

　　另一位导演让这位受聘者拍摄一部古罗马宗教影片，结果也很满意。他的神奇能力使美国中央情报局倍加警惕，在拍摄火山爆发的影片时将其拘捕入狱。

　　但几乎与此同时，好莱坞所有制片区忽然地震般晃动起来，人们非常害怕。当导演闻讯赶到拘留所时，这个奇特的人却在严密看守的拘留所神秘失踪。

参观外星飞船

　　1965年1月30日凌晨2时左右，美国加州55岁的电器技师派屈克看到一个直径20米、宽约10米的飞行体朝他飞来，并停在地球上。他想跑但听到外星人用英语说："我们并无恶意。"然后邀他上船。

　　上船后，一个男人接见了他，他看见还有七男一女，女的长得非常标致，高1.8米左右，留长发，充满活力和智慧；男的褐色短发。飞船内每个房间的墙上都布满了仪表板，船员们正在认真操作。

　　外星人通过影像系统让他看"导航母船"，看上去它像个小飞船，当时是凌晨2～3时，而小飞船却身处阳光之中，他确信高度在1000千米以上。

　　飞船能量就是由那小飞船传来的，同时由母船处理所有导航及在太空飞行中的一切事情。

　　外星人还说，只用光来作为所有的依据，也就是用能量来代表一切。派屈克问飞船来自何方，对方回答说来自一个星球，并拿出一张该飞船"家乡"的照片。照片中建筑物全罩在一半球体内，房上有窗，却看不到里面有什么，彼此离得很近。

　　外星人还说，他们没有疾病，没有人犯罪，也没有学校，他们的生命很长，所以生育控制很严格。

　　问到他们为何来地球时，回答说"仅仅是观察"。

　　派屈克这次参观外星飞船足足有两个多小时，下船后，一向诚实的派屈克向人们讲述自己奇特的经历时人们都感到很吃惊。

　　更令人吃惊的是，派屈克在20世纪60年代竟然神秘失踪了，有人称他可能坐着外星飞船去了其他星球。

五角大楼的外星人

外星人访问美国的传闻层出不穷，最令人惊奇的事情发生在美国国防部所在的五角大楼里。据外空文明研究专家的资料显示，那里曾经住着一个神秘的外星人。这个乔装美国军陆军上校的外星人在五角大楼待了几个月，他对美国的星球大战技术的发展特别感兴趣。后来，因丢掉一个隐形眼镜而被发现。这个外星人外形和正常的地球人十分相似，但是他的瞳孔像猫一样不是圆的而是斜的，所以用隐形眼镜来伪装。这个外星人没有头发，头上戴着的是一顶假发。

经过美国军方医疗检查显示，这个外星人有两个心脏，分别长在胸腔的两边，他的血像胶水一样黏稠，肠子由几块奇特的金属替代，骨头也要比正常人的骨头要细得多。在他住的房间，美国国防部官员发现了许多美国卫星探测系统和激光武器有关资料的文件副本，以及美国空军部分导弹系统的布置图。

另外，在他的房间里还发现了高精度太空无线电装置，这使人们很是惊讶。有人认为，外星人频频光临美国，一定是担心美国的先进宇航技术与星球太空防御系统，对他们的宇宙飞船构成威胁。

飞行在
宇宙的高科
技飞船

新型航天器的研发

为了加快未来星际飞行的速度，美国科学家们正在研究新的动力装置。这种装置利用热核反应可使飞船速度达到光速的10% ~ 20%，即到达最近的恒星只需20年左右。

被人誉为第二代航天器的光帆又叫太阳帆，是在飞船上挂起一张厚度只有大约1 / 100万米超薄铝箔制成的巨帆，借助太阳和其他恒星的光压飞行，而无须消耗任何燃料。光帆通过加速度，可以在较短时间内达到可观的速度，如与激光器配合作用，还可双倍加快飞行速度。据分析，若在绕太阳的轨道上安置一台大型激光器，就能使光帆的速度接近光速，这将大大缩短星际航行的时间。

有了成本低廉而高速的光帆，银河系就不再像原来那样高不可攀了。可以相信，人类与外星人建立起联系，也许为期不会太远了。

Ai Ji Xue Sheng
Cheng Zuo
Wai Xing Fei Chuan

埃及学生乘坐
外星飞船

晨跑时遇见外星飞船

开罗大学1990年7月16日举行了一次奇特新闻发布会，公布了一名自称遇见了外星人和飞船的埃及青年的检查结果，这是埃及首例不明飞行物的报告。小伙子当众回答了几十个问题，令各位记者和学者们大感兴趣。

这名27岁的农村青年名叫克利姆，是开罗一所电力学院的毕业生。1989年10月的一天，他跟往常一样在为即将到来的马拉松比赛而训练着，他的目标是跑步穿越艾斯尤特沙漠的神庙山到达对面的一个小镇。

这天清晨，他跑到了中途的时候，忽然听到一阵尖叫声，并且越来越尖锐。克利姆有些害怕，因为他从来没有听过这么诡异的尖叫声，但克利姆并没有停下来。然而，当他跑到一个沙丘顶时，眼前的情景令他目瞪口呆。

一个金光闪闪的东西正在旋转着向他靠近下降，当这个形如球状飞船的东西靠近他时，一道强光照射在他身上，他感到身体变得轻飘飘的，不知不觉地被带入了飞船。进入飞船后，密布的线路管道，五彩信号灯、按钮和电视屏幕出现在他眼前。

过了一会，飞船上出现3个外星人，他们长腿短臂，头小颈长，脸色暗绿而起皱，头上长着3只眼睛。其中两个人离他有4米远，另一个则慢慢向他靠近，手中还拿着一台录音机似的仪器放在他右手上，他的手骨立刻显示在四周的屏幕上。

来自外星人的检查

外星人把一个玻璃管放入他口中，他一紧张把玻璃管咬碎了，外星人面面相觑，一言不发。后来，他又被带入一间闪烁着光线的明亮房间，这3个外星人利用各种仪器对他进行了全面检查。

然后，其中一个外星人让

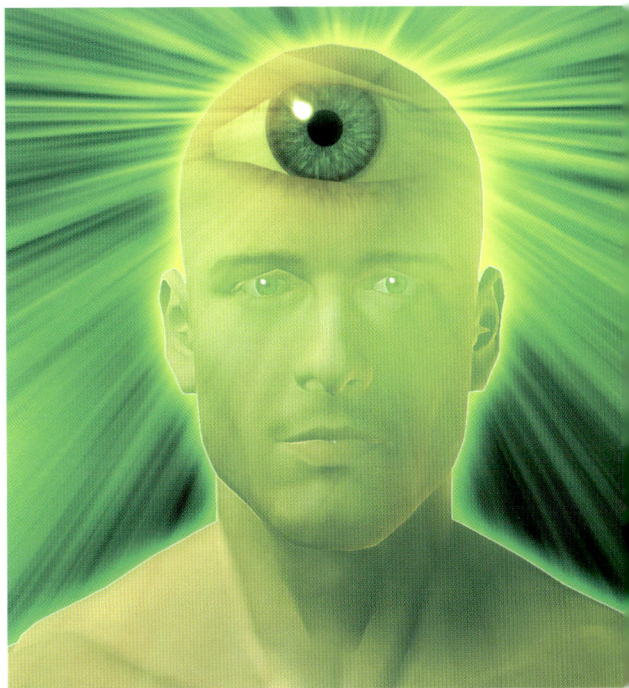

外星人名片

名称：开罗外星人

类型：矮人型

特征：有3只眼睛

发现地点：埃及

发现时间：1989年

他沿着一束强光向前走，克利姆刚刚踏上这道强光，身子又变得轻飘飘的了，而且周围的一切也开始模糊起来。忽然强光消失，他已躺在沙地上，那圆形飞球早已无影无踪。

后来，克利姆只要一靠近电视，电视画面上的图像就受到干扰并立即消失；而当他离开，电视上画面便又清晰了。更令人惊讶的是，克利姆喝茶之后，若无其事地咬碎玻璃杯并咽下，他还能毫不费力地吃木头、金属和硬币。

美国大学理工系主任赛弗成立调查组检查克利姆，拍了录像。他们在实地测量时发现，飞碟未留下压痕，但该处的射线剂量明显高于周围。经过对克利姆检查发现，他的身体、智力均属正常，因此有一些学者相信，此飞碟之事确实是真的。

但也有一些心理学家认为，他的确有些吃硬物的奇异功能，也知道一些外星人和飞碟知识，但是，他的脑电图有些异常，他小时又得过癫

痫病，心理学家们认为该奇遇使他精神分裂，把想象当成事实而臆造出来的。科学家们还要为克利姆做更深入的检查，而外星人为什么总是出现在人迹罕见的森林中？难道他们长期居住在那里？他们是出于何种目的留在那些地方的？从外星人到达地球上的一些案例来看，外星人不远亿万里来到地球上，主要是为了做各种实验，那么他们究竟进行了哪些实验呢？

现场进行实验

所谓现场实验，就是UFO

乘员在遇上地球人时从飞行物中走出，当场对地球人进行常见的医疗检查，或是抽取血样。

1968年8月31日，在阿根廷门多萨一个村外的树林里，出来野餐的萨蒙斯一家开的汽车出了故障，抛锚在树林中。萨蒙斯从车内下来修理这辆汽车。

忽然一个银色的飞碟状不明飞行物从天而降，从中飞出两个类人生命体。这两个类人生命体只有1.2米高，身穿一套银灰色的紧身衣，瘦弱的身躯上顶着一个硕大的脑袋。

他们的手臂很长，每个手掌上只有3根手指，脚上有着蹼一样的东西长在3个脚趾之间。

他们从飞碟上下来后，手里拿着铅笔一样的东西径直走到萨蒙斯身前。这个铅笔一样的东西锋利地划开了萨蒙斯的手背，取走了一管血样。

随后，这些外星人又如法炮制，从萨蒙斯的妻子和3个孩子身上取走

了血样，之后萨蒙斯一家便昏迷在地。而这两个外星人则带着得到的5个人的血样飞入UFO扬长而去。

上述案例证明，UFO及其乘员采取光束的办法，当场采走目击者的血样或做其他试验，而目击者对试验结果根本不知道。

UFO内进行实验

有不少案例表明，目击者被劫持到不明飞行物里，躺在桌子一样的东西上，接受类人生命体的检查。

1981年2月8日夜晚，在美国富兰克林，6个孩子的母亲巴巴拉突然被屋子上方的发光物体射来的光惊醒，一个雪茄状的不明飞行物在她家院子里盘旋。

过了一会儿，这个飞行物停落在了巴巴拉家的院子里，她非常恐惧，急忙呼喊在屋里睡觉的丈夫。突然这个不明飞行物光线大亮，巴巴拉顿时失去知觉。

后来，在催眠师的催眠术作用下，巴巴拉回忆起当时的情况：她被这束光线吸进了飞行物内部。飞行物内部呈圆柱状，墙壁光滑闪亮，顶部有一束光，在地板上留下一圈亮光。从光滑的墙壁上裂开了一

条缝，一个戴着面具的类人生命向她走来，用一只方形盒子在她身前身后移动，好像是在观察她体内的构造。

6个月以后，巴巴拉夫人坐汽车回家时在途中又遇到了一个不明飞行物，她再次被一束光吸去，进入UFO内部，样子跟第一次见到的一模一样。

"巨眼"窥视人体

1950年的夏末，美国人菲利浦跟父母亲和弟弟一起到田纳西山岭的树林去野炊，在返回的路上，菲利浦发现弟弟把大衣落在林子里，于是菲利浦只身返回去拿大衣，就在这个时候，遇险开始了。

菲利浦离开大家深入到林子，在取回大衣开始往回走的时候。忽然，他觉得有什么东西在控制着他往回走，身子变得轻飘飘的，意识也开始模糊。

后来，菲利浦一家在林子里找到了昏倒的菲利浦。菲利浦看到自己左腿上有一个很大的伤口，伤口一直延伸至小腹。他没有摔倒，也没有被树枝划着，哪里来的伤口呢？这伤口很深，但一点也不痛，没有流血，也不化脓。菲利浦虽然很疑惑，但并没有在意，渐渐地忘了这件事。

十几年后，菲利浦和一位UFO爱好者谈起了这件事，UFO爱好者认为他遇见了外星人。这位UFO爱好者联系了一名致力于催眠术的医生，医生给他施用催眠术后，他想起了许多往事。

1950年那次野炊时，他离开大家遇上一个庞大的UFO，穹舱是透明的，那穹舱分3部分，里面的光线非常耀眼。菲利浦感到这道强光把自己吸了进去，被几个类人生命体用担架似的东西抬进了UFO。在UFO内的一个房间里，他看到有个机器人手在他身上轻易地就挖了一道口子，并从里边取走了一些肉，接着他被置于一只"巨眼"前接受照射，菲利浦顿时就失去了知觉。

到目前为止，UFO乘员对人类的一些试验究竟是为了什么，这其中的目的还有待于人们进一步探索。

古玛雅人
是外星人吗

古玛雅人有可能是金星人

古玛雅人对行星运动进行了很深入的研究，尤其是对金星，在古玛雅人居住过的地方，可以看到许多有关金星的铭文，在墨西哥就有3座与金星有关的建筑。这样的建筑在其他地方还有很多，这表明古玛雅人对金星非常偏爱。古玛雅人在公元前后创造了象形文字，其中金星的象形

古壁画记载的玛雅宇航员

文字是较早被搞清楚的，而且古玛雅人还知道8年中约有5次的金星会合的周期。

古玛雅人为什么对金星有如此高的兴趣呢？最简单的回答就是，金星是除太阳和月亮之外最亮的星。由于古玛雅人从地球上神秘地消失了，因而科学家对于他们的起源持有不同的观点。

有人认为，古玛雅人可能是金星人，这种观点可以从历法上找到部分根据。古玛雅人的传统历法是一年8个月，每月20天。人们推测，古玛雅人到达地球以前就在使用20进制，但不知他们为什么使用这样的数制，我们地球人从未想到这样的数制。有人发现，在法语中存在一个例子，即80是4个20，这可能是20进制的痕迹。

他们到达地球后，为什么要继续采用一年有8个月、每月20天的历法呢？一般的解释是，金星公转一周为234.7天，地球公转为365.26天。

古玛雅人为什么对金星了解如此全面，难道他们真的是来自金星的外星人吗？美国与苏联对金星的探测表明，金星温度很高，人类不能在上面居住，因而，他们迁徙到了地球。

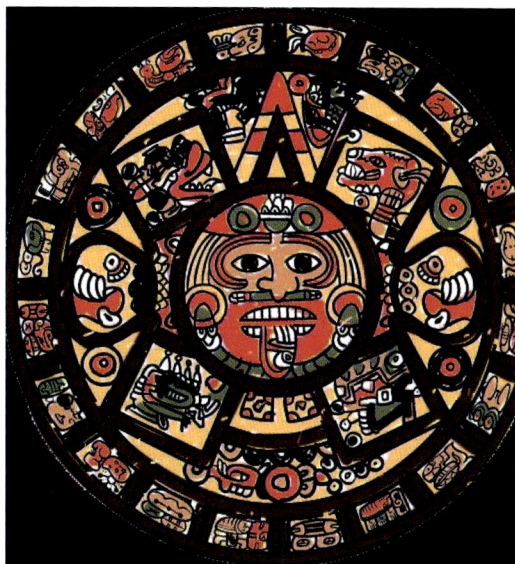

上图：壁画记载的古玛雅日历

下图：神秘、智慧的古玛雅人

玛雅文明中难以解释的现象

　　许多研究人员用玛雅文明中种种不能解释的现象来证明古玛雅人是外星球人，比如德累斯顿抄本中有4次地球灭亡的记录，为什么古玛雅人会知道？难道他们真的有那么神奇？他们绝对不是神，因为他们在自己的星球中观察到，并且他们星球中历史上记录过地球发生的一些重大事件。另外，他们掌握着地球人的发展历史以及未来的状况，他们的建筑物雕刻着宇航员驾驶舱等。

　　有专家认为，这是因为他们觉得在自己的星球上早就经历过的事情，在地球上也会朝着这方面发展。从古玛雅人的建筑物台阶来看，古玛雅人的身高均在2米以上，从这点上来看完全和当

左图：玛雅人建造的金字塔

今的玛雅人不是一个种族，现在的玛雅人就连自己古代的古玛雅文化都搞不清楚。当时的古玛雅人全部消失后，只留下来一些建筑物，后人都无法理解这些建筑物的含义。玛雅建筑物和观察天体的位置相吻合，并且已经精确到一年四季的各个方位，说明古玛雅人是来地球上观察星体的，并且在地球上生活过一段时间。

以当时的地球人能造出那么精准的建筑物并观察天体那是绝对不可能的，就连现在的科学家还难以置信当时有那么精准的历法，从这点似乎可以证明当时的古玛雅人不是地球人。

德累斯顿抄本中记录有地球的气候和地壳变化，这是当时古玛雅人来地球生活中每天所观察到并记录下来的，然后把地球调查得清清楚楚，并结合自己的星球所观察到地球的状况，预言将发生再次的重大事件，最后古玛雅人全部消失，全部返航自己的星球。

水晶头骨是
外星人造的吗

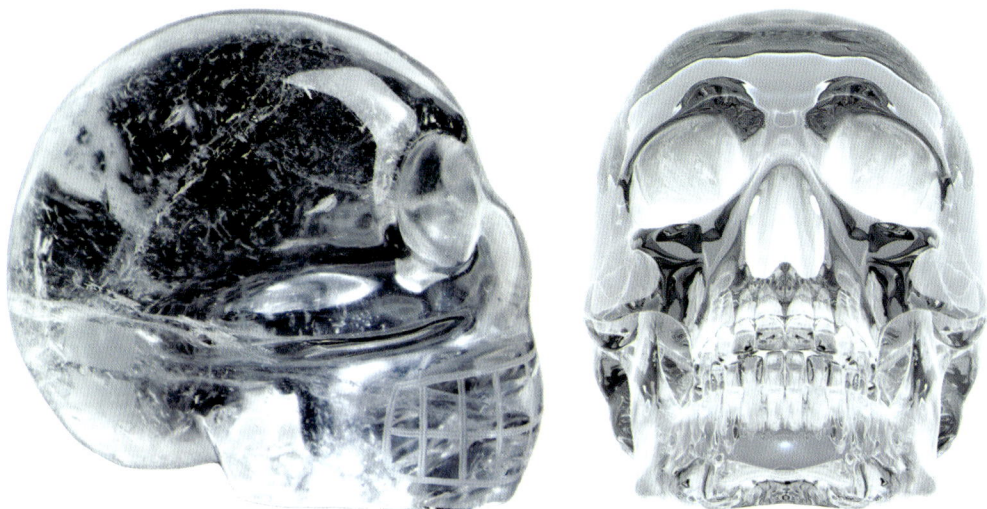

水晶头骨的美丽传说

在美洲印第安人中有一个古老的传说：古时候有13个水晶头骨，能说话，会唱歌。这些水晶头骨里隐藏了有关人类起源和死亡的资料，能帮助人类解开宇宙生命之谜。传说还认为，总有一天人们会找到所有的水晶头骨，把它们聚集在一起，集人类大智慧于一体，发挥它们应有的作用，这个传说在美洲流传了上千年。

一直以来，人们都认为它只是一个美丽的神话或是天方夜谭而已，没有人知道传说中的水晶头骨到底是什么。从传说的内容来看，它像是一个包罗万象的信息库，也像是一部无所不知的天书，但人们对它一无所知，甚至怀疑它的存在。

许多人对水晶头骨的认识源自电影《印第安纳·琼斯和水晶头骨王

国》，该电影中水晶头骨是神秘外星人的头骨，这些外星人缔造了远古人类文明。

虽然在现实中考古学家并不能确定水晶头骨来自外星体，但之前13个神秘水晶头骨确实让人们迷惑不解，它们大多出现在中美洲洪都拉斯、墨西哥等地，人们将它们与神秘的玛雅文明和金字塔相连接在一起。

最著名的末日头骨

有趣的事实：13个神秘水晶头骨在世界各地散布着，其中最著名的一颗水晶头骨就是末日头骨。

1924年，这颗水晶头骨被安娜·米切尔·海吉斯持有，她是从养父——英国探险作家米歇尔·海吉斯那里继承的。

1924年，米歇尔组织一支探险队从英国利物浦出发，沿水路到达中美洲，与他同行的还有他心爱的养女安娜。探险队在当地玛雅人的帮助下，

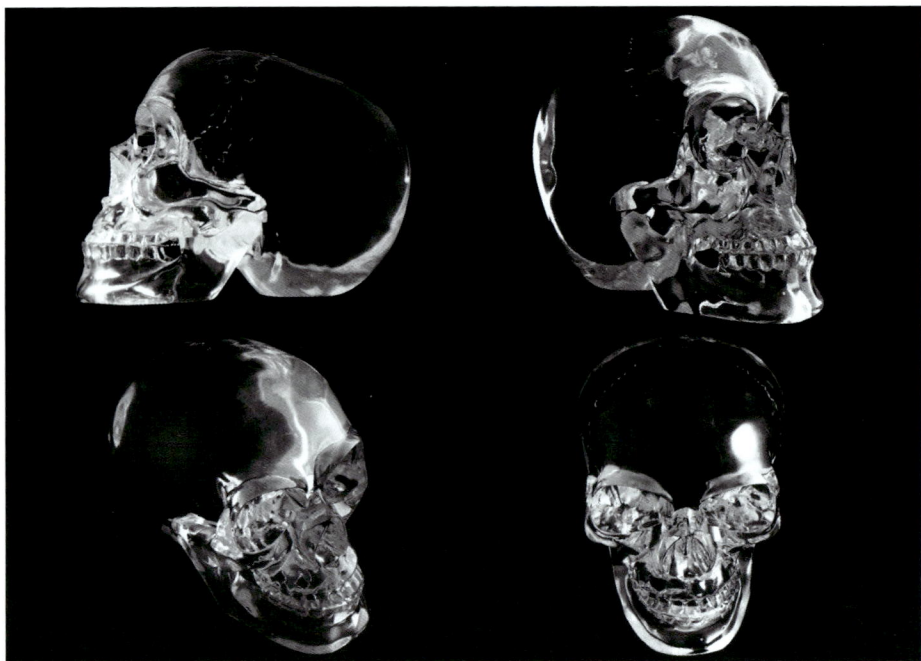

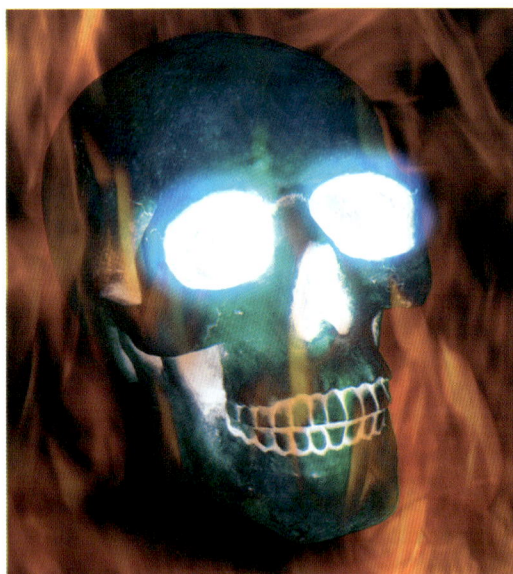

终于在今天中美洲的伯利兹荒无人烟的热带丛林中发现了一处古玛雅人的城市遗址。这是一座被藤蔓和大树淹没了的古城，探险队用了整整一年时间才使得这座古城得以展现它昔日的风采。

那天，安娜正在欣赏风景时，突然发现金字塔的裂缝深处有一个东西闪闪发亮。她立即告诉了养父，米歇尔带着探险队的全体成员登上了金字塔顶，把裂缝边松动的石头移开。

经过几周的努力，终于刨开了可容一个小个子的人进出的窟窿，安娜只身爬入这个窟窿的底部，她突然发现一个东西照亮了她的脸，仔细一看，是一个犹如人头骨的水晶，她非常兴奋，把它带回了金字塔顶。

安娜发现的宝物是一块通体透明的水晶头骨的上半部分，米歇尔命令队员们继续挖掘。3个月后，他们在约7米外的地方又找到了水晶头骨的下半部分，两块头骨合在一起，正好与真人头骨一般大小。

这个水晶头骨长0.17米，宽和高各是0.12米，重5千克，它是用一大块完整的水晶根据一个成年女人头颅的形状雕制而成的。它做工非常精致，鼻骨是用3块水晶拼成的，两个眼孔处是两块圆形的水晶，它的下颌部分既可以跟头盖骨部分相连，又可以拆开，整个构成异常精巧。

他们把水晶头骨和真正的人类头骨作了比较，发现除了眼部特征稍稍偏于人类的正常范围以外，其他参数都与真正的人类头骨相差无几……

据安娜称，这颗水晶头骨的历史可追溯至3600年前，头骨的眼睛可以释放出蓝色光芒，当它摆放在计算机旁时，曾多次导致计算机硬盘崩溃。

水晶头骨是外星人留下的吗

水晶头骨都是用高纯度透明水晶制成，上面没有任何明显的工具切割迹象，它们在制作时完全没有考虑到水晶的自然轴，这是现今的科学技术也很难办到的。

如果将激光射入水晶头骨的鼻腔，头骨就会发出光芒，表现出头骨的棱镜作用。

水晶是世界上硬度最高的材料之一，用铜、铁或石制工具都无法加工它，而1000多年前的玛雅人又是使用的什么工具加工的呢？另外，这种纯净透明的水晶虽然硬度很高，但质地却脆而易碎。

科学家们推断，要想在数千年前把它制作出来的话，只可能是用极细的沙子和水慢慢地从一块大水晶石上打磨下来，而且制作者要一天24小时不停地打磨300年，才能完成这样一件旷世杰作。

2008年，由英和美国科学家组成的研究小组使用电子显微技术和X射线结晶技术对大英博物馆和美国史密森尼博物馆内珍藏的水晶头骨进行了检测，头骨表面的详细分析显示出在眼眶、牙齿和头盖骨附近有极细的微旋转划痕。

很明显，这种切割打磨技术源自一种叫作旋转轮的珠宝加工设备，而古玛雅人并未掌握这种加工技术，这种工具在前哥伦布时代的美洲大陆上根本不存在。因此有人推断这些水晶头骨是外星人留给古玛雅人的礼物。

这些水晶头骨是外星人留下来的吗？水晶头骨里真的蕴含着人类起源和死亡的秘密吗？越来越大的谜团笼罩着这些水晶头骨。

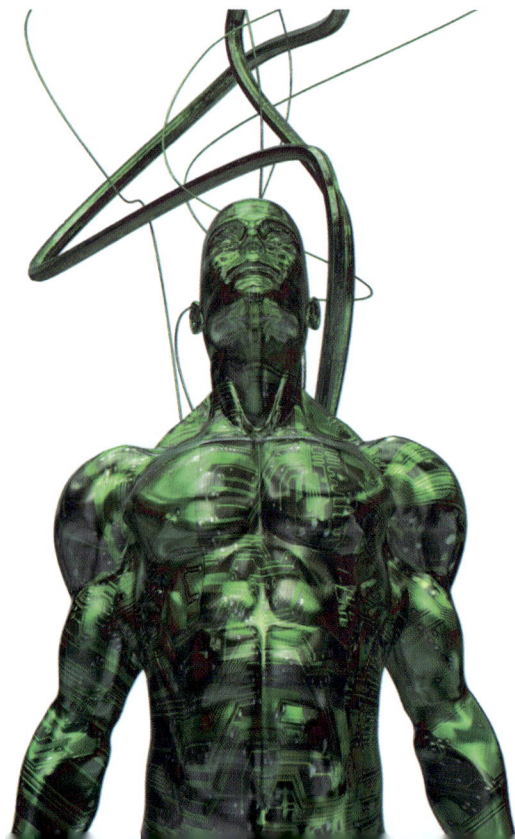

金字塔是
外星人所建吗

埃及金字塔

埃及的金塔居世界七大奇迹之首，它的建筑雄伟壮观。但是，当时的地球人不可能有那么先进的技术可以建造如此神奇的建筑，那么金字塔究竟是谁建造的呢？我们还是从古埃及神秘的建筑说起。

到目前为止，人们已发现了80座金字塔，这些大大小小的雄伟建筑，分布在尼罗河两岸，其中最

为壮观的一座叫吉扎金字塔，是人类有史以来最大的单体人工建筑物。它建于公元前2600年，高约146米，塔基每边长232米，绕一周约1千米，塔身用230万块巨石砌成，平均每块重25吨，石块之间不用任何胶黏物，而由石块与石块相互叠积而成，人们很难用一把锋利的刀片插入两块石头之间。经历了近5000年的风风雨雨，它仍屹然挺立，让人叹为观止。

金字塔是如何建造的

建造这座金字塔需要多少劳动力？据推测，建造金字塔时，埃及当时的居民必须是5000万人，否则难以维持工程所需的食品和劳力。当专家仔细研究时发现，公元前3000年全世界的人口只有2000万左右。

进一步研究的情况还表明，众多的劳动力必须在农田上耕耘以保证雕琢工地上足够的粮食，而地势狭长的尼罗河流域所能提供的耕地，似乎不足以维持施工队伍的需求。这支施工队伍少则几十万人，最多时可达百万人，他们之中不但要有工程人员、工人、石匠，还要有一支监护工程施工的部队、大批僧侣以及法老们的家族。仅凭尼罗河流域的农业收成，能保证工程的需求吗？因此，人们怀疑可能有一批不以地球上粮食为生的人在这里施工。

令人不可思议之处还在于，古埃及人用什么工具来运输神殿所需的巨

不明飞行
物坠毁在麦田

大石块呢？传统的看法认为，古埃及人利用滚木运输，这种最原始的办法固然能将庞大的石料运抵工地，但滚木需要大树的树干才能做成，而尼罗河流域树木十分稀少。在尼罗河岸分布最广、生长最多的是棕榈树，但古埃及人绝对不可能大片砍伐棕榈树，因为棕榈树的果实是埃及人不可缺少的粮食来源，棕榈树叶又是炎热的沙漠中唯一可以遮阳的材料。大规模砍伐棕榈树，埃及人等于在做自杀的蠢事，况且棕榈树干质地松软，是无法充当滚木的。

那么，埃及人很可能从域外进口木材。提这样设想的人并没想到，从外地输入木材就意味着古埃及人要拥有一支庞大的船队，渡海将木材运到开罗，再从开罗装上马车送到工地。且不说4500年前埃及人是否拥有庞大的船队，光说陆上运输的马车也是在金字塔建成的900年后才出现在埃及土地上的。因此，人们猜测，很可能有其他更先进的运输工具运输这些巨石，但在当时，地球上是不存在这些先进工具的。

金字塔内的外星人

　　保罗·加柏博士与其他考古专家在研究埃及金字塔的内部设计技术时，偶然发现塔内密室中藏有一具冰封的物件，探测仪器显示该物件内有心跳频率及血压计，相信它已存在5000年了。因而专家们认为，冰封底上是一具仍有生命力的生物。科学家们又从该塔内发现的一卷用象形文字记载的文献中获知，在距今约5000年前，有一辆被称为"飞天马车"的东西撞向开罗附近，并有一名生还者。该卷文献称生还者为设计师，考古学家相信，这个人是外太空人，也是金字塔的设计及建造者，而金字塔是作为通知外太空的同类前往救援的标志。但令科学家们迷惑不解的是那外太空人是如何制造了一个如此稳固、不会溶解的冰窖，并把自己藏身于内呢？

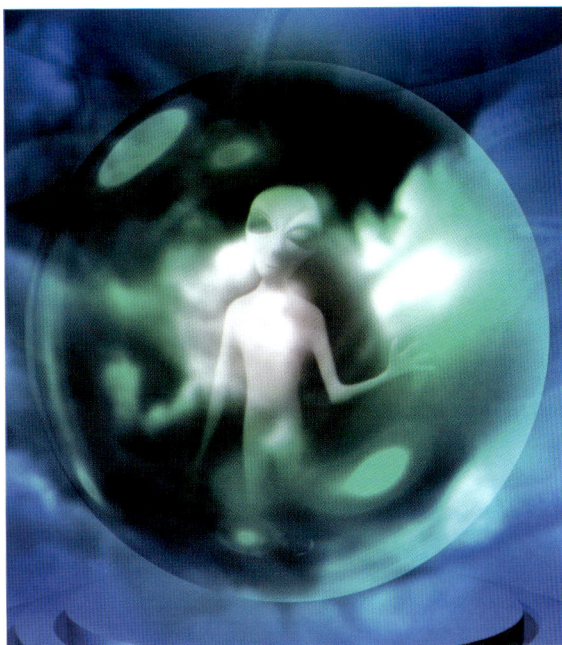

Fu Huo Jie
Dao Shang De
Qi Guai Shi Diao

复活节岛上的
奇怪石雕

未完成的石像

1722年，荷兰航海家雅各布·罗杰文在智利海域上航行时发现了一个绿色的小岛，那天正好是复活节的前一天，于是此小岛就被命名为"复活节岛"。这个小岛距离智利海岸约有3700千米，是一个呈三角形的火山岛，岛上的居民多数为混血种人，还有不到1/3的波利尼西亚人。

1722年，荷兰人罗杰文登上复活节岛后，发现岛上生活着两种相貌奇特的人。其中，一个群体人口比较多的明显属于大洋洲的棕色人种；而另

一个群体则属于白色人种。白色人种个子很
高，毛发和胡须呈红色或黄色，耳垂戴着一
些0.1～0.15米的钩子，因而显得特别长，他
们被称为长耳人，是岛上的武士阶层。

　　这个小岛上还矗立着许多巨型的石雕人
像，大约有1000座，这些雕像高大而沉重，
一般高有7米以上，有些重达90多吨。

　　这些雕像神态各异，有些漠然地站立注
视着前方；有些倒地安睡，岿然不动；还
有些身首各异，残缺凋零。这些雕像共同的
特点都是只有臀部以上的上半身，且双臂下
垂，双手按在突起的肚子上。这些雕像有的
生着一双翅膀，长着鸟一样的脑袋；有些石
像肩头耷拉着，光脊梁和肋骨向前突出，而
肚子则完全凹陷下去，面孔奇特可怕；有的
雕像的耳朵几乎垂到肩上，眼睛突出得很厉
害，目光凝重，弯着鼻子，下巴奇特，额头

很高，尖尖的头顶上头发稀少，两道浓密的眉毛连在一片。所有这些特征，加上他们痉挛般的表情，让人觉得噩梦一般的恐怖。

雕像倒下的原因

20世纪50年代，挪威人类学家兼冒险家海伊达到复活节岛做了一次远征考古，对雕石像的人和石像倒下的原因提出了自己独特的见解。他的依据是古老的民间传说与物证。

传说长耳人是在扎蒂基国王的率领下，于300年左右从美洲大陆的秘鲁渡海来到复活节岛。他们乘坐的船有三四根桅杆，两三层甲板，风帆的配置十分合理，一船能运载好几百人，在复活节岛上的岩洞的洞壁中也曾发现有这些船的形象。

长耳人庞大的舰队在复活节岛的阿纳凯纳海滩登陆，他们在那里雕刻了一个绝妙的石头圆球，被称为海岛的黄金中心。长耳人带来了天文学、航海学、建筑学、物理学和农业科学的先进知识，以及"隆戈隆戈"文字，对太阳的崇拜，还有甘薯、甘

上图：复活节岛上红色石雕头像

下图：复活节岛上戴高帽子的石雕

蔗、芦苇、鸟类、猫、猴子等，这些石像与在南美洲发现的石像非常相似，石像上的动物都是波利尼西亚人完全不知道的。

长耳人是外星人吗

科学家相信，长耳人在岛上有着非凡的成绩，包括石头雕像、平台、坡道、长廊、堡垒以及在坚硬的岩石上凿出的洞穴和坑道，还有火山峰上的观象台。

因此有人认为，复活节岛上长耳人来自外太空，根据传说，他们被称为维拉科哈斯人，也就是"飞人"。而且他们的长相很奇特，长着像鸟一样的双翅和特大的圆脑袋以及奇大无比的环形眼睛。

另外，岛上还有很多木刻的文字，使用鲨鱼齿刻写而成，有的像人，有的像鱼，有的像工具，还有的像花草树木，岛上的人称之为"说话板"。可惜这些木板曾经遭到传教士的掠夺，遗失了一大半，剩下的也没有任何人能读懂，这些文字至今没有破译出来。

令人不解的是，长耳人在当时生产力十分落后的情况下是如何创造出超出时代的文明的？长耳人是外星人吗？

麦田怪圈与外星人有关吗

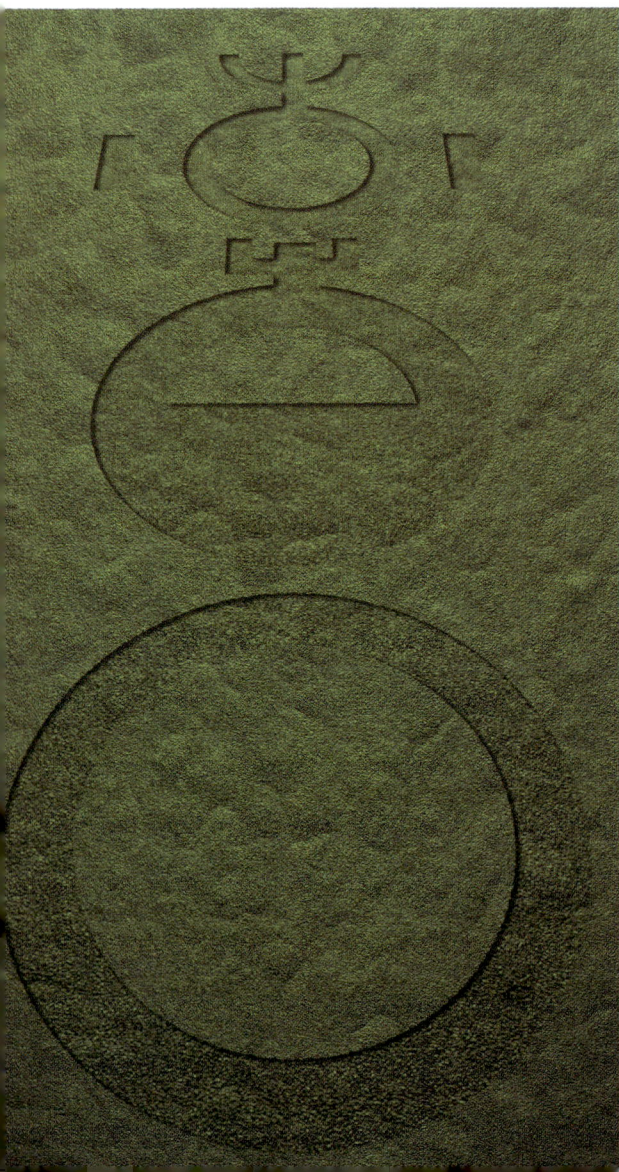

最早出现的麦田怪圈

　　最早的麦田怪圈是1647年在英格兰被人发现的，当时人们也不知道这是怎么一回事，并在怪圈中做了一副雕刻。这副雕刻是当时人们对麦田怪圈成因的推测，当时的麦田怪圈是呈逆时针方向的。

　　麦田怪圈常常在春天和夏天出现，遍及全世界，美国、澳大利亚、欧洲、南美、亚洲，无处不在。事实上，世界上只有我国和南非两个国家没有发现麦田怪圈。截至目前，全世界每年大约要出现250个麦田怪圈，图案也各有不同。

　　发现最早的麦田怪圈插图见于1678年的古书。《割麦的魔鬼》画中一个恶魔手持镰刀在麦田里做圆形的图，此图作为17世纪就存在怪圈的证据。不过插图显示魔鬼并没有让麦子弯折，而是割掉，所以此插图跟麦田怪圈又有点不同。

全世界不断发现麦田怪圈

自20世纪80年代初，已经有2000多个这种圆圈出现在世界各地的农田里，使科学家和大批自命为麦田怪圈专家的人大惑不解。起先这些圆圈几乎只在英国威德郡和汉普郡出现，但近年来，在英国许多地区以及加拿大、日本等十多个国家，也有人发现这种圆圈。

这种圆圈越来越大，也越来越复杂，渐渐演变成为几何图形，被英国某些天体物理学家称之为"外星人给地球人送来的象形字"。

例如，1990年5月，英国汉普郡艾斯顿镇的一块麦田上出现了一个直径20米的圆圈，圈中的小麦形成顺时针方向的螺旋图案。在它的周围另有4个直径6米的卫星圆圈，但圈中的螺旋形是反时针方向的。

1991年7月17日，英国一名直升机驾驶员飞越史温顿市附近的巴布里城堡下的麦田时，赫然发现麦田上有个等边三角形，三角形内有个双边大圈，另外每一个角上又各有一个小圈。

1991年7月30日，威德郡洛克列治镇附近一片农田出现了一个怪异的鱼形图案，在接着的一个月内，另有7个类似的图案在该区出现。

可是，最令世人感到震惊的，莫过于1990年7月12日在英国威德郡的一个名叫阿尔顿巴尼斯小村庄发现的农田怪圈了。有1万多人参观了这个农田怪圈，其中包括多名科学家。

这个巨大图形长120米，由圆圈和爪状附属图形组成，几名天体物理学家参观后发表了自己的感想，他们认为，这个怪圈绝对不是人为的，很可能是来自天外的信息。见过UFO照片的科学家认为，小麦倒地的螺旋图案很像是由UFO滚过而形成的。

科学监测麦田怪圈形成

1991年6月4日，以迈克·卡利和大卫·摩根斯敦为首的6名科学家守候在英国威德郡迪韦塞斯镇附近的摩根山的山顶上的指挥站里，注视着一排电视屏幕，满怀期望地希望能记录到一个从未有人记录到的过程——麦田怪圈的形成经过。

他们这个探测队装备了总值达10万英镑的高科技夜间观察仪器、录像机以及定向传声器。他们那具装在21米长支臂上的"天杆式"电视摄影机，使他们可以有广阔的视野。

他们之所以选择侦察这个地区，是因为这一带早已成为其他研究麦田

怪圈人员的研究对象，仅仅几个月，这一带就频繁出现了十多个大小不一的麦田怪圈，引起了研究人员的浓厚兴趣。他们等待了20多天，可屏幕上什么不寻常的东西都没有看到，到了6月29日清晨，一团浓雾降落在研究人员正在监视的那片麦田的正上方。他们虽然看不见雾里有什么，但却继续让摄影机开动。

到了早上6时，雾开始消散，麦田上赫然出现了两个奇异的圆圈。6位研究人员大为惊愕，立即跑下山来仔细观察，发现在两个圆圈里面的小麦完全被压平了，并且成为完全顺时针方向的旋涡形状。麦秆虽然弯了，但没有折断，圆圈外的小麦则丝毫未受影响。为了防止有人来弄虚作假，探测队已在麦田的边缘藏了几具超敏感的动作探测器。任何东西一经过它们的红外线，都会触动警报器，但是警报器整夜都没有响过。在麦田泥泞的地上，没有任何能显示曾有人进入麦田的迹象。录像带和录音带也没有录到任何线索，那两个圆圈似乎来历不明。

麦田怪圈的形成原因

这些麦田怪圈是怎么形成的呢？科学界的专家们争论不

休。一般来说，专家们的论点可以分为4种：人为形成说、等离子体涡旋说和外星人制造说。

人为形成说。相当一部分人认为，所谓麦田怪圈只是某些人的恶作剧。英国科学家安德鲁经过长达17年的调查研究认为，麦田怪圈有80%属于人为制造。

等离子体涡旋说。从20世纪80年代以来，英国《气象学杂志》编辑、退休物理学教授泰伦斯·米登已审察过1000多个麦田怪圈，并就2000多个怪圈编制了统计数字，希望能找到符合科学的解释。他相信，真正的麦田怪圈是由一团旋转和带电的空气造成的。这团空气称为"等离子体涡旋"，是由一种大气扰动形成的。

外星人制造说。很多人相信，麦田怪圈大多是在一夜之间形成，很可能是外星人的杰作。据说，很多出现麦田怪圈的地方也会出现UFO。因此，有人认为麦田怪圈是地球以外高智慧生命体留下的记号，希望地球人类以同样的高智慧去消化这些信息；也有人认为是地球上有奇异力量的人想通过麦田怪圈与天外沟通。

这些麦田怪圈到底是如何形成的？和外星人有没有关系呢？这还要依靠科学家们未来的研究来解释。

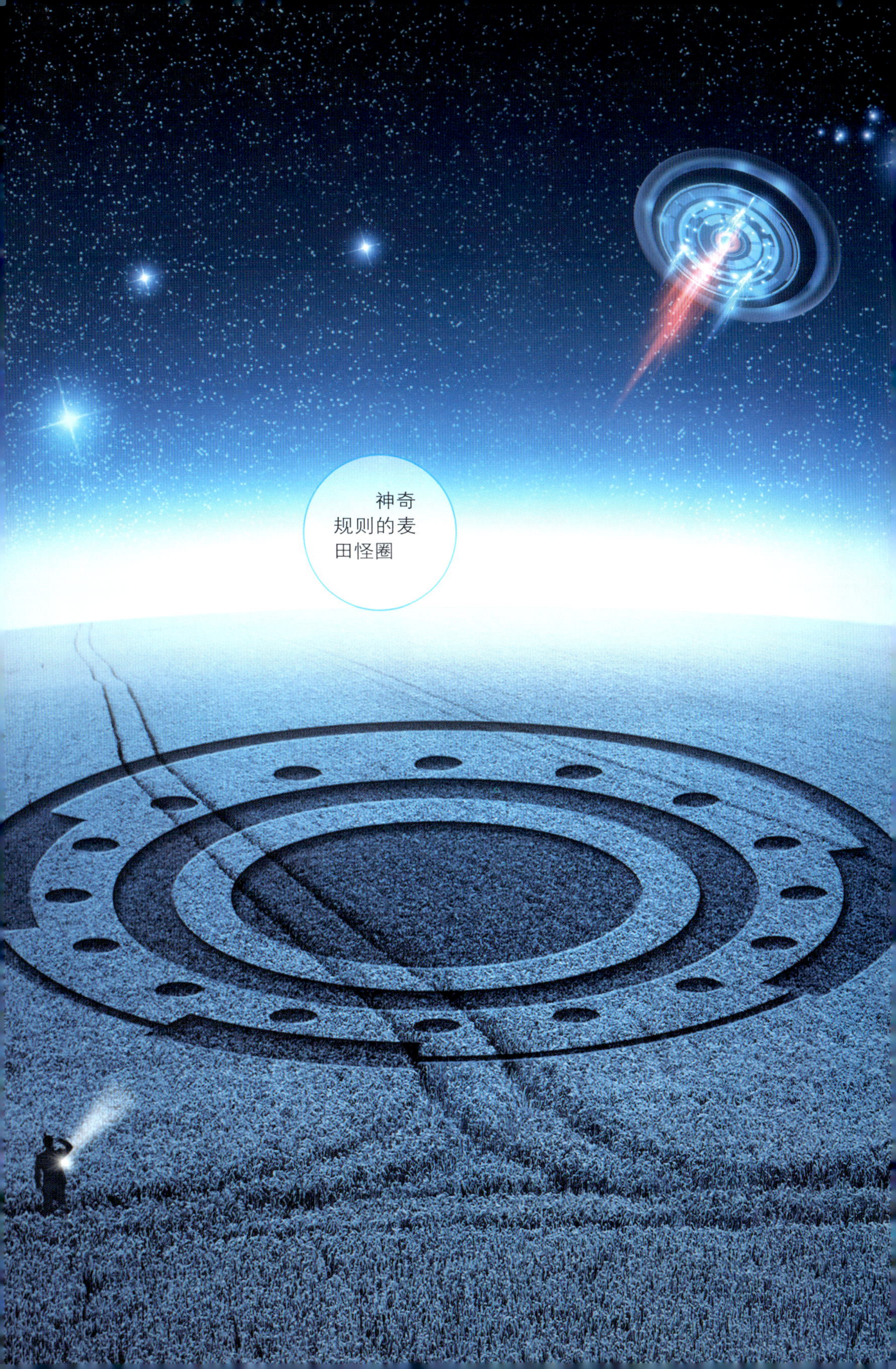
神奇
规则的麦
田怪圈

外星人频繁光顾法国

倒扣着的盘子

1954年9月7日早晨7时，住在法国索恩省的两个青年惊慌失措地闯进当地宪兵分部，报告了刚刚目睹的一切。

这天早上，他俩正骑着自行车赶路，当行至孔台村附近时，埃米尔·雷纳尔望见距他们200米远的地方停着一个奇特的物体，其形状好像一团尚未堆完的草垛，上边还有一个转动着的圆盘。再仔细一看，它还在轻飘飘地移动着。

他不由地惊叫起来，拉着伙伴朝怪物跑去。当他们越过一段甜菜地和草坪奔到150米附近时，只见该物体突然斜飞起15米左右，然后垂直升高，消失在天空中。起飞时未发出任何响声，只是隐约觉得它释放出一缕轻微的青烟。飞在天空中的怪物呈浅灰色，直径有10米左右，酷似一个倒扣着的盘子。在以后的几天里，宪兵们接到方圆30多千米的居民们的同样报告。宪兵们当时还以为是敌国发射来的什么新

外星人名片

名称：索恩外星人

类型：矮人型

身高：1米以下

发现地点：法国

发现时间：1954年

式武器，因此调查得十分认真。在宪兵队的档案柜里，这是最早的一宗关于飞碟的案卷。

铁路上的黑影怪人

9月11日，一位名叫马利奥斯的冶金工人，前来向瓦朗西安的宪兵队报告：前天夜里他偶尔走出家门散步时，先看到不远处的铁路上出现了一团黑影，紧接着又发现两个身高不到1米的怪形人在院子里游荡。刚开始，他以为这是两个化装成潜水员的小孩出来偷东西，于是他就从他们后边摸过去，想捉住他们。正当他接近小孩的一刹那，铁路上的黑影突然向他射来一束刺眼的强光，并把他固定在原地。他只觉得浑身针刺似的疼痛，连话也说不出来。这时，院子里的小孩大摇大摆地从他面前走过，径直向黑影走去。当他们走进黑影后，光束才熄灭，那团黑影也轻轻飞离地面30米高，然后向西飞去，消失在夜空里。过了好长时间，马利奥斯才恢复了活动能力。

宪兵们奔赴现场调查发现，铁路枕木上有飞行物降落时留下的痕迹，还有5处形状完全相同的陷坑，每个坑的面积0.04平方米，而且相互对

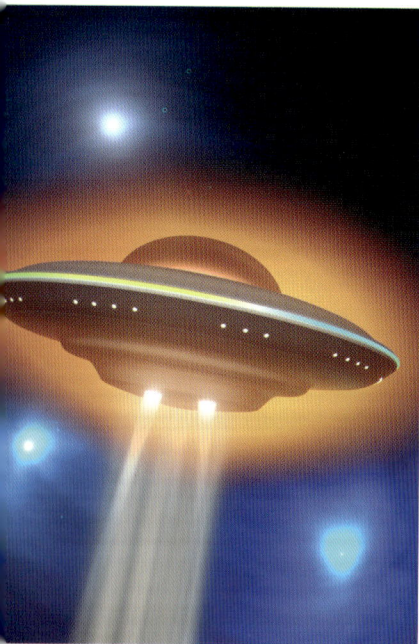

称。宪兵们在后来的调查中，又发现当地许多居民在马利奥斯所说的时间里也看到一个飞行物从天空飞过，由红变淡，最后呈现白色。

频频出现的外星人

一个星期之后，住在摩泽尔省的一位名叫勒内·保尔的电工向当地宪兵队报告说，那天晚上9时15分，他看见有一个形似霓虹灯管的发光物体从空中飞过。与此同时，住在61千米以外的一位名叫路易·莫尔的人报告说，他看到一个奇异的发光物从山岭的背面飞来，降落在山岭的东侧，它的体积和形状很像一辆中型轿车。这个发光物着陆后光线开始变弱，这时，他看见该物体中有一些人影在活动，一会儿发光物又呈火球状腾空而起，向东南方飞去。

同是在1954年秋天，法国南部德龙省有一位妇女傍晚在树林边散步时也发现了一个怪形人。此人个子矮小，穿一身潜水衣，但是似乎没有胳膊。这名妇女感到非常害怕，于是赶紧往家跑。当她拼命地逃回家时，看到一个陀螺形的物体从附近的玉米地里低飞而去，不一会儿又垂直高飞，而且速度很快。宪兵队得到报告赶赴现场后，一眼就看到了留下的那些清晰的印记：在直径为3.5米的一块地上，灌木、荆棘的枝叶被弄得乱七八糟，飞行物起飞时把周围的玉米株全都吹倒。

汝拉山区出现的"幽灵"

引起宪兵队关注的是9月末发生在法国东南部汝拉山区的一件事。那是9月27日的夜晚，天上下着大雨，住在高山地带一个名叫罗兰的农民，他的4个孩子正在堆放柴草的棚子里玩耍。

突然传来一阵狗叫，接着9岁的女孩尼娜

急急忙忙地从室外跑进来告诉其他孩子说，她刚才见到一个幽灵般的家伙在谷仓那里走来走去，行走时不发出任何声音。于是12岁的莱蒙立即跑进谷仓去看，但什么也没有发现。

接着他打开谷仓的门朝外边张望——这下真的看见"幽灵"了！那家伙个头同莱蒙差不多，莱蒙顺手捡起几块石头扔过去，其中一块击中了，并发出了金属的响声。当他又拿起弹弓向怪物射去时，感到一股无形的压力把他压倒在地。

直至幽灵离开后，他才又重新站起身来，接着赶紧跑回谷仓。出来帮他开门的尼娜把这一切看得一清二楚，4个惊恐万状的小孩拼命往家里跑去。忽然，4岁的柯洛德尖叫一声："你们看呀！"大家顺着他指的方向望去，只见150米外有一团火球在飘飞，转眼工夫就不见了。

第二天，孩子们把事情经过告诉了老师，老师又报告了宪兵队。宪兵上尉布鲁斯特尔分别找这4个孩子作了个别询问后，便带人到现场去调查，在孩子们发现火球的地方，他们看到了十分清晰的遗痕。

像这类留下清晰印记的发现，那几天还有数例。外星人多次来到法国，并留下许多明显的痕迹，不知他们有什么目的。一切还有待研究。

地球上真有
外星人吗

其他星球适合孕育生命吗

　　哈特博士是一位天文学家，他对UFO的存在持怀疑的态度，他在《外星人——他们在哪儿？》一书中指出："在具备所有适宜生存条件的星球上，形成生命的可能性远远低于1／1000亿，这就意味着，在亿万个星系中仅有一个是可以居住人的银河系。"

　　他又指出，在银河系中，地球上的人类是唯一的生命，地球上生

命的存在是不同寻常的巧合，在我们能到达的范围内不会再有另外的人类了。但是，生命会不会以其他的一些形式生存于银河系呢？研究过这类问题的科学家们都认为，由于其化学及物理特性，一般说很难形成，我们的地球与太阳相对来说是年轻的。

计算表明，如果有外星人存在，那么外星文明世界应该在很久之前就已发展起来了，而且至少在1亿年前就到过地球或其他地方了。如果我们的太阳系有天外来客做过短暂的访问，我们应该在月球上发现他们的踪迹，因为那里没有风化作用，其踪迹不会被腐蚀掉。

目击UFO可能是精神恍惚

否定UFO存在的一些学者给一些UFO目击者和绑架事件作了一些合乎情理的解释。据加利福尼亚州立大学的英语教授阿尔文·劳森研究，那些声称曾登上UFO的人可能是经历了某些常见的精神恍惚症状，那些脑海中想象出来的画面被这些人当成了自己亲身经历的事情。他召集了20位对UFO毫无特殊兴趣的自愿实验者，让他们在催眠状态下想象他们被绑架上UFO的过程，并让他们画出外星劫持者的草图。

实验结果证明，这些想象的图画和人们实际上报告的那种UFO上生灵的形象非常接近。另外，关于与UFO接触的报告和各种不同的精神及心理现象，如吸毒引起的幻觉、临终前在病床上对死后的梦遇等，均有相似之处。那些所谓的被绑架者和自愿做催眠实验者报告的UFO生灵分为6种

类型：人、类人体、动物、机器人、外来人、鬼怪。

这项研究说明，那些称自己被绑架的人至少是经历了梦幻、临终前的幻觉或精神变态，他们没有撒谎，但他们的经历并不是真实的。

劳森教授对曾报告6次遭遇UFO的布莱恩·斯科特进行了实验，处于催眠状态的斯科特报告中说，在一次邂逅中，他先被麻醉，然后被送上了UFO，3米多高的大门被轰开，一个2米多高的生灵给他剥光衣服，把他放到一个大房间里。在那里，外星人化验尿样，吸取胃液，移去心脏，然后又重新装上。这种描述是登上UFO的典型描述。

人为假造的UFO

詹姆斯·奥伯格是一位参与美国国家航天局航天工程的航天科学家，他的著作有《红星入轨》《不明飞行物与太空奥秘》《火星使命》以及《太空新竞赛》。奥伯格曾在书中披露，UFO迷们是如何依靠骗局、欺诈以及广告的花招来赢得社会对他们的信仰和尊重。

例如，一位英国物理学家在远处的山坡上放置了一盏紫色闪光灯后，又悄悄地混入爱好观察UFO的人群之中。当这位物理学家启动闪光灯，使其一明一暗时，设在观察处的"磁探测器"马上响起报警铃。

这位英国科学家还带着一架照相机，内装拍摄好的与UFO相似物的已冲洗好的胶卷，然后把照相机递给一位有名望的UFO研究者。经过这位研究者的数次分析之后，这些胶卷竟完全被称为真品。

许多目击者也有声有色地、争先恐后地向一群新闻记者描述他们所看到的情景，等过了两年多，这位英国科学家才承认这是在开玩笑，但这时"UFO目击记"早已妇孺皆知了。

UFO怀疑论者的证据似乎也很充分，全世界有很多人都目击过一些不明飞行物和一些奇怪的人，但这些事毕竟没有得到科学地考证，无法完全立住脚。世界上是否存在外星人？这只能等待先进的科学去证实。

地球上出
现的外星人

Wai Xing Ren
Bu Yuan Jie Chu
Di Qiu Ren

外星人不愿接触地球人

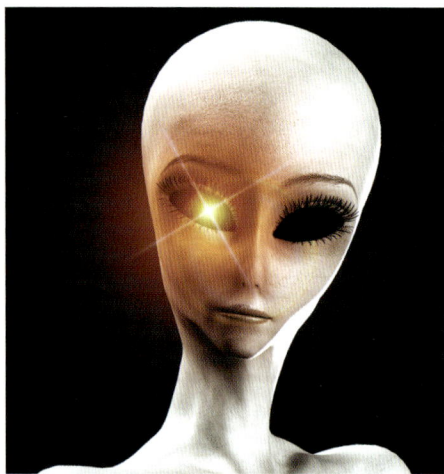

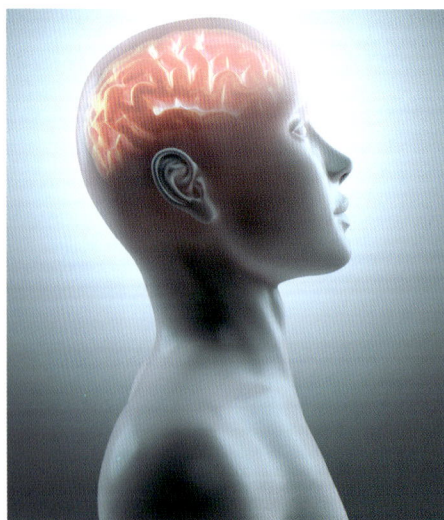

智能差异造成交流困难

外星人总是出现在人迹罕至的沙漠、海洋地带，或者是在崇山峻岭中，或者是在茂密的森林中。难道他们不愿与地球人相互往来吗？他们为什么不愿与地球人直接接触呢？要解释这些问题，还是让我们从宇宙的演化说起。

在宇宙、生物和文明的演化过程中，主要经过以下几个步骤：宇宙混沌形态、非生物形态、有生命形态和智能形态。我们称这一过程为宇宙形态长链，而生命形态和智能形态的主要区别就是人脑。

人脑不同于普通动物的脑，就是由于它已由低级阶段进化到了高级阶段。脑具有巨大的存储量，在精神的支配下，脑是完成智能生物思维、意识的有力工具。

人的遗传因子DNA携带了人的自我体能、自我意识能力等信息，以完成完善的自我延续和复制。然而，在这一长链的演化过

程中，当智慧还没有达到一定高度时，还是无法抗拒天灾、地震等自然灾害，所以容易使演化中断。但要想使大脑演化加快，只靠自然演化不行，还必须施加人工外部激化，从而实现进入人工演化阶段，这样才能大幅度提高智慧和智能。

地球人与外星人目前尚处于两个不同的演化阶段，即存在着智能差异。这样，它们之间可能存在着思维鸿沟和联系障碍，因此外星人不愿与地球直接接触和往来便是情理之中的事情。

外星人也有自己的顾虑

那么，外星人既然来访地球，他们又有何顾虑呢？我们可以作如下设想：他们主要是来采集地球植物、地理岩石等标本，抓获动物和人类进行生理解剖试验和医学遗传等研究的。一句话，他们是为了探测和了解地球及生物圈，而不是与人类接触的。

外星人可能怕泄露他们的先进科学技术，因为他们了解到地球人目前的思想素质，贪心多于博爱，总是钩心斗角。他们怕地球人掌握了他们的先进技术后用于军事，从而造成战争或对外星人自身构成威胁。

外星人对地球人进行善意的诱导。通过外星人的行为、UFO先进科技等对地球人进行开化引导，刺激地球人的思维，从而更多地促进地球人人工演化进程，尽早达到高智能和超智慧阶段。假如果真如此，外星人可谓用心良苦，只对UFO这一课题的研究，就足以开化地球人的思维和开发地球人的智力了。对地球怀有侵略的野心，现在只是进行侦察，这种可能性不是没有。既然是侦察兵，自然就不愿暴露身份与地球人接触了。

对于外星人来讲，称地球为"一类动物"是比较恰当的，就像地球人把大熊猫看作是一类保护动物一样。来自遥远宇宙一角的外星人，看到地球天蓝水碧，物产资源丰富，的确是一块风水宝地。然而，目前地球生态环境受到破坏，灾害不断，疾病多发，为了不使地球人受到干扰或灭绝，他们如同保护"一类动物"一样将地球人划为宇宙保护区，严加管理和保护。但这些"管理员"并不经常与被保护者接触交往。抓获和邀请个别地球人上飞碟，那只是好奇或进行实验。

外星人抹去
地球人记忆

外星人挟持人类事件

外星人与地球人接触以后，都要为他们洗去记忆，似乎不想让地球人知道他们在干什么。

美国不明飞行物共同组织的人类生命体研究组有一份报告，记载着世界各地著名的劫持事件共166起，这些事件的10%与不明飞行物直接

相关。该研究组的一位负责人戴维·韦布是一位物理学家，他在谈到这类劫持事件的某些特点时曾说："不明飞行物乘员会在飞行物内对被劫持人进行医学检查，他们往往使被劫持的人患健忘症，他们在劫持者与被劫持者之间进行着一种难以理解的联系，使被劫持者全身瘫痪。"

拥有可靠证据的劫持事件半数以上都发生在美国，其次是巴西和阿根廷。在这些劫持事件中，除了几起分别发生在1915年、1921年和1942年外，其他的事件都发生1947年以后。

从1965年起，这类事件不知什么原因一下子增多了。美国不明飞行物共同组织收集到的案例都发生在1970～1975年，这5年共有80多起，占总数的53%。

被洗去记忆的被挟持者

令人更加难以想象的是，这类已知的事件仅仅是劫持事件中的一小部分而已。那么，为什么大部分的劫持事件没有被披露出来呢？主要是由于大多数被劫持的人事后都回忆不起自己的那段不平常的遭遇了。当这些人能够神志清醒地回忆起自己曾经看到过一个不明飞行物时，他们头脑中的劫持情节却奇怪地消失了，这些被劫持者总依稀觉得劫持的情节好像故意从他们头脑中消除掉了。

　　他们所能记起的，只是无法解释的时间上的漏洞，即有几分钟或几天时间他们自己也不知道去了什么地方。目前，学者们在调查劫持事件时，一般都要对被接触者进行催眠术。哈德博士经常使用这种方法，他是用催眠术来调查不明飞行物劫持事件的先驱，也是于1968年7月，在美国科学与宇宙航行学委员会上阐述不明飞行物问题的六名科学家之一。

唤起记忆的时间倒退法

　　美国怀俄明大学的心理学副教授利奥·斯普林科尔博士，也是一位著名的使用催眠术来研究这类劫持事件的学者。这位博士曾率领一支由私人与官方资助的调查组对以上两案例进行了调查。从1962年起，这位博士成为康登委员在空中现象研究会研究员。哈德博士和斯普林科尔博士认为，使用催眠术的时间倒退法是最有效的方法，是唤起被抑制的记忆以及证明目击者报告真实性最为可靠的方法。他们的这种方法在许多年后，仍然能够得到验证。

　　1986年9月16日傍晚20时30分，在法国上比利牛斯省阿鲁隆山口的奥尔河畔，52岁的渔民阿尔贝·莫里斯正在河里打鱼。忽然，两个圆盘状

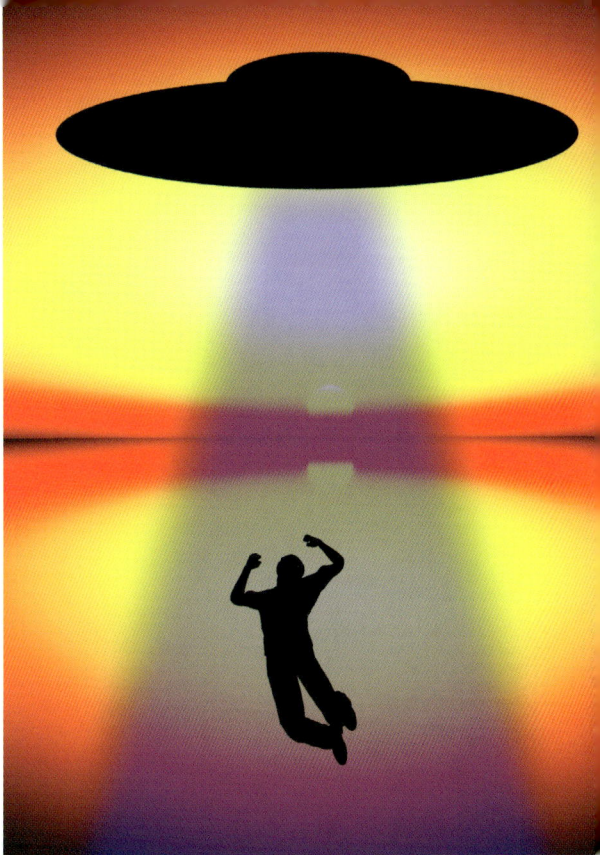

的飞行物从空中翻滚的乌云中迅速朝山口降下，在离地面近千米时，两个圆盘底部射出一道橘红色的光，之后阿尔贝·莫里斯便昏倒了。

路过的行人将昏倒在岸边的阿尔贝·莫里斯送到了医院，经过医生的催眠，莫里斯想起了自己晕倒后的一些事情：他被吸入了一个圆盘状的飞行物中，几个矮小的怪人将他放在一个仪器下进行了全身检查。待身体检查完后，他们又把他送出了那个奇怪的飞行物外。后面的事他就记不得了。

哈德博士认为，被劫持的人不一定都是些具有专门特长的人，各个民族和各个人种都有被接触者。一般地说，被劫持者的智能要比普通人略微强一些。

那么，这些类人生命体将地球人劫持到不明飞行物上后，为什么要对他们进行各种各样的医学检查呢？他们为何要给地球人洗去记忆呢？这些问题，还是一个尚未揭开的谜。

上图：外星人飞碟绑架地球人

下图：休闲嬉戏的外星人

Wai Xing Ren
Kui Zeng De
Jian Mian Li

外星人馈赠的
见面礼

飞碟人送给目击者金属片

1965年4月24日，在英格兰德之郡中部的达特穆尔发现了一只离地面1米的飞行的飞碟，后来从里面走出4个外星人。

外星人来到目击者的面前，说着一口流利的英语，并给了他们几块金属片。

后来，这几块金属片被送到英国埃克塞特天文台学会去研究。

1965年8月24日，一个飞碟人对一位巴西目击者说："我们来自另一个星球。"

飞碟人还给了他一块奇怪的金属。之后，这块金属被送到一家钢铁公司去化验，经化验发现，此物的物质结构与地球上的物质完全不同。

用特殊的石头当礼物

1972年6月，一位意大利工程师在用天文望远镜观察卫星时突然停电，这时他的身边突然出现了两个2米多高的外星人。

他们的眼睛发着光，在不远处还停着一只卵型的飞碟，直径有4米，外星人在工程师手里放了一块白色半透明的卵石。之后，两个彪形大汉就回到了飞行物体。这位工程师后来将石头送到化验室化验，证明这块石头不属于地球上的物质。

计算机
模拟外星人

英国有位
"外星人磁铁"

初识外星人

据英国《太阳报》报道，英国女子布里奇特·格兰特称，自己在40年间曾见到过UFO和外星人17次，包括近距离接触5次。她可能是世界上见到外星人次数最多的人了，因此有人把她称作"外星人磁铁"。

格兰特后来说，自己第一次见到外星人是在她7岁那年。当时她正要回家喝茶，路上碰到一个和自己年龄差不多的小女孩，从小女孩的眼睛可以判断她是一个中国人。

这个小女孩将格兰特带到了家里参观她家的房子，并向格兰特展示了中国香港的钞票。但当第二天格兰特再次去找这个小女孩玩的时候，已经找不到那栋房子了，在那栋房子出现的地方竟是一片荒野。

一些UFO专家认为，格兰特遇到的可能是外星人。这个外星

外星人名片

名称：英国外星人
类型：东方型
身高：0.9米
特征：个子矮小
发现地点：英国
发现时间：1993年

人可能屏障了格兰特的记忆，让她把外星人看成了中国人，把外星飞船看成了她家的房子。

成年后与外星人接触

很多人将格兰特这次遭遇外星人当作年少的幻想，然而就在格兰特成年之后，她又遇见了外星人。1993年格兰特正在洛杉矶当发型师，在一个度假旅馆附近，格兰特看到了一个反射着银光的圆形金属飞行物体。这个金属飞行物直径有15米，高3米，机身上看不见任何翅膀或者排气孔。

忽然，这个不明飞行物闪过一道橘黄色的亮光，一个穿着银灰色衣服的小人从这个物体里飘出。这个小人身高有0.9米，身上的衣服和现在的宇航服很相似，严密的头盔遮住了他的相貌。

当时格兰特吓呆了，只知道愣愣地看着这个从天而降的外星人。

这个外星人只是远远地冲格兰特招了招手，然后便乘飞船飞走了，这时候格兰特才意识到，自己又见到外星人了。

除了外星人之外，格兰特还说她还多次见到过"鬼魂"。这些超出普通人正常范围的经历从格兰特5岁的时候，一直持续至21岁才结束。

格兰特表示，她也不明白为什么外星人总是找上她，并希望科学家可以为她找出答案。看到这么多外星人她很高兴，但是又害怕遭到其他人的嘲笑，因此很少将这些事告诉别人。

现在，格兰特已经回到英国德文郡，并组建了一个协会，寻找和她有着类似经历的人，以便更好地解释这种现象。

为什么格兰特能够遇见外星人17次，难道格兰特身上有着与众不同的地方吗？外星人对格兰特有什么阴谋吗？这一切都需要人们本着实事求是的态度去研究、去解答。